Treibhausgas – ab in die Versenkung?

25   Studien des Büros für
Technikfolgen-Abschätzung
beim Deutschen Bundestag

Das Büro für Technikfolgen-
Abschätzung beim Deutschen
Bundestag (TAB) berät das Parlament und seine Ausschüsse in
Fragen des gesellschaftlich-tech-
nischen Wandels. Das TAB ist
eine organisatorische Einheit
des Instituts für Technikfolgen-
abschätzung und Systemanalyse
des Forschungszentrums Karlsruhe.

Die „Studien des Büros für Technik-
folgen-Abschätzung" werden vom
Leiter des TAB, Professor Dr. Armin
Grunwald, und seinem Stellvertreter,
Dr. Thomas Petermann, wissenschaft-
lich verantwortet.

Reinhard Grünwald

Treibhausgas – ab in die Versenkung?

Möglichkeiten und Risiken
der Abscheidung und
Lagerung von CO_2

Bibliografische Information der Deutschen Nationalbibliothek

Die Deutsche Nationalbibliothek verzeichnet diese
Publikation in der Deutschen Nationalbibliografie;
detaillierte bibliografische Daten sind im Internet
über http://dnb.d-nb.de abrufbar.

ISBN 978-3-8360-8125-2

Umschlaggestaltung: Joost Bottema, Stuttgart.

Druck: Rosch-Buch, Scheßlitz   Printed in Germany

INHALT

ZUSAMMENFASSUNG

Bei der Nutzung fossiler Energieträger wird unweigerlich Kohlendioxid (CO_2) erzeugt, das üblicherweise in die Atmosphäre entlassen und dort klimawirksam wird. Eine Möglichkeit zum Klimaschutz ist, das CO_2 aufzufangen und dauerhaft von der Atmosphäre zu isolieren. Dies ist das Prinzip der CO_2-Abscheidung und -Lagerung (Carbon Dioxide Capture and Storage, CCS). Dieses Verfahren eignet sich in erster Linie für große, stationäre CO_2-Quellen, also z.B. stromerzeugende Kraftwerke bzw. bestimmte Industrieprozesse (z. B. Herstellung von Ammoniak oder Zement). CCS wird besonders im Zusammenhang mit Kohlekraftwerken diskutiert, da diese, bezogen auf die Stromproduktion, am meisten CO_2 emittieren. Aber auch für andere fossile Energieträger käme CCS prinzipiell infrage. Beim Einsatz von Biomasse wäre perspektivisch sogar eine aktive Reduzierung des CO_2-Gehaltes der Atmosphäre denkbar. Der Zeithorizont bis zur großtechnischen Reife der CCS-Technologie beträgt nach Einschätzung von Experten etwa 15 bis 20 Jahre.

Für eine Gesamtbewertung, ob die CCS-Technologie mit dem Leitbild einer »Nachhaltigen Energieversorgung« vereinbar ist, steht allerdings die Frage der Treibhausgasreduktion nicht allein im Mittelpunkt. Vielmehr sind hierfür weitere Kriterien heranzuziehen, vor allem der schonende Umgang mit erschöpflichen Ressourcen, die ökonomische Effizienz, sowie soziale Aspekte z.B. der Umgang mit Langzeitrisiken im Sinne der intergenerationellen Gerechtigkeit und die gesellschaftliche Akzeptanz.

STAND DER TECHNIK – FORSCHUNGSBEDARF

Die CCS-Technologiekette besteht aus drei Schritten: der *Abtrennung* des möglichst konzentrierten CO_2 am Kraftwerk, seinem *Transport* zu einer geeigneten Lagerstelle und der eigentlichen *(Ab-)Lagerung* unter der Erdoberfläche.

ABTRENNUNG DES CO_2

Für die Abtrennung des CO_2 gibt es drei Möglichkeiten: Es kann (1) nach der Verbrennung aus den Abgasen herausgefiltert werden, der Kohlenstoff kann (2) schon vor dem eigentlichen Verbrennungsprozess aus dem Energieträger entfernt werden, oder (3) die Verbrennung kann in einer Sauerstoffatmosphäre durchgeführt werden, damit als Abgas (fast) nur CO_2 entsteht. Diese drei Möglichkeiten nennt man (1) *Post-Combustion*, (2) *Pre-Combustion* bzw. (3) *Oxyfuel*. Allen genannten Verfahren zur CO_2-Abtrennung ist gemeinsam, dass sie einen erheblichen Energieaufwand erfordern, der den Kraftwerkswirkungsgrad um bis zu 15 %-Punkte reduziert und einen zusätzlichen Brennstoffbedarf von bis zu 40 %

zur Folge hat. Jede dieser Methoden besitzt spezifische Vor- und Nachteile. Daher ist es gegenwärtig noch offen, welche davon die besten Zukunftsaussichten besitzt.

> Das *Post-Combustion-Verfahren* hat als typisches »End-of-Pipe«-Verfahren den Vorteil, dass es prinzipiell auch in bestehende industrielle Prozesse und Kraftwerke integriert werden kann. Diesem Vorteil der Nachrüstbarkeit stehen jedoch relativ hohe Kosten und energetische Verluste gegenüber. Die CO_2-Abscheidung mittels chemischer Absorption ist derzeit das einzige kommerziell verfügbare Verfahren und wird z.B. zur Erdgasaufbereitung genutzt. Für den Einsatz in (Groß-)Kraftwerken müsste es noch um einen Faktor 20 bis 50 größer skaliert werden. Weitere Forschungs- und Entwicklungsziele sind die Steigerung der Effizienz vor allem durch die Weiterentwicklung der eingesetzten Lösungsmittel, sowie die Prozessintegration und Optimierung für die Anwendung in Kraftwerken. Perspektivisch könnten innovative Verfahren (z.B. Membranverfahren) interessant werden, da diese eine höhere Effizienz und geringere Kosten versprechen. Diese befinden sich derzeit noch in einem frühen Forschungsstadium.

> Das *Pre-Combustion-Verfahren* weist im Vergleich dazu einen geringeren Energiebedarf auf und bietet perspektivisch die Möglichkeit, Wasserstoff bzw. synthetische Kraftstoffe aus fossilen Brennstoffen relativ CO_2-arm zu erzeugen. Nachteilig ist allerdings die hohe Komplexität der Anlagen und ihrer Betriebsführung. Eine Schlüsselkomponente für den Pre-Combustion-Prozess sind hocheffiziente Wasserstoffturbinen. Diese befinden sich derzeit noch im Pilotstadium und müssen vor ihrem kommerziellen Einsatz noch wesentlich weiterentwickelt werden. Fortschritte bei der Membrantechnologie könnten einen Beitrag zu Effizienzsteigerung und Wirtschaftlichkeit dieses Verfahrens leisten. Über die Entwicklung von Einzelkomponenten hinaus besteht eine wesentliche Herausforderung darin, die Prozesskette in ihrer ganzen Komplexität im realen Kraftwerksmaßstab zu beherrschen und eine hohe Verfügbarkeit der gesamten Anlage zu garantieren.

> Das *Oxyfuel-Verfahren* besitzt den Vorteil, dass das CO_2 hier in relativ hoher Konzentration anfällt und der zu behandelnde Abgasstrom wesentlich kleiner ist als bei den anderen Verfahren. Der Nachteil bei diesem Verfahren ist, dass die Herstellung des reinen Sauerstoffs mit einem hohen Energieverbrauch und erheblichen Kosten verbunden ist. Luftzerlegungsanlagen zur Herstellung von Sauerstoff sind seit Längerem im industriellen Einsatz. Der hohe Energieverbrauch bei der Luftverflüssigung lässt jedoch die signifikante Weiterentwicklung dieses Verfahrens oder alternativer Methoden der Sauerstoffherstellung (z.B. Membrantechnologien) notwendig erscheinen. Wie bei den anderen Verfahren zur CO_2-Abtrennung ist die Prozessintegration der Einzelschritte in ein effizient funktionierendes Gesamtsystem eine wesentliche Aufgabe.

Post-Combustion, Pre-Combustion und Oxyfuel sind kurz- bis mittelfristig einsetzbare Verfahren zur CO_2-Abtrennung in Kraftwerken. Daneben werden auch alternative Trennverfahren erforscht, die langfristig wesentliche Fortschritte v.a. bezüglich des Energiebedarfs und der Kosten versprechen. Gemeinsam ist diesen innovativen Verfahren, dass sie sich derzeit im Stadium von Konzeptstudien und Laborversuchen befinden. Mit ihrem Einsatz ist daher voraussichtlich frühestens in 20 bis 30 Jahren zu rechnen. Aussichtsreiche Kandidaten hierfür sind u.a. die Nutzung von Brennstoffzellen, der sog. ZECA-Prozess sowie »Chemical Looping Combustion«.

CO_2-TRANSPORT

Für den Transport muss das CO_2 nach der Abscheidung verdichtet werden. Der Energieverbrauch hierfür entspricht einem Verlust an Kraftwerkswirkungsgrad um etwa2 bis 4 %-Punkte. Für die in Kraftwerken anfallenden großen Mengen (in einem Kohlekraftwerk mit einer elektrischen Leistung von 1.000 MW entstehen etwa 5 Mio. t CO_2/Jahr) kommen als Transportmittel vor allem Schiffe und Pipelines infrage. Der Transport von CO_2 in *Pipelines* unterscheidet sich im Grunde nicht wesentlich vom Pipelinetransport von Erdöl, Erdgas und flüssigen Gefahrenstoffen, der weltweit sehr verbreitet ist. Der größte Unterschied bei CO_2-Pipelines ist, dass die verwendeten Materialien eine hohe Korrosionsbeständigkeit aufweisen müssen. Der CO_2-Transport per *Schiff* findet derzeit nur in kleinem Umfang statt, die Technik unterscheidet sich nicht wesentlich vom konventionellen Transport von Flüssiggas (Liquefied Petroleum Gas, LPG). Der Transport per Schiff ist vor allem für große Entfernungen (über 1.000 km) und für nicht allzu große Mengen geeignet.

Trotz der wichtigen Funktion als Bindeglied zwischen Abscheidung und Lagerung findet der Transport von CO_2 in der Forschung bisher wenig Beachtung und wird – wenn überhaupt – vor allem unter dem Kostenaspekt diskutiert. Wichtige zu untersuchende Fragestellungen wären z.B. die zeitliche und geografische Abstimmung des Aufbaus einer Transportinfrastruktur, länder- bzw. regionsspezifische Voraussetzungen bzw. Barrieren hierfür sowie Akzeptanzfragen beim Transport durch dicht besiedelte Gebiete.

CO_2-LAGERUNG

Für die langfristige geologische Lagerung von CO_2 kommen vor allem entleerte Öl- und Gasfelder sowie sog. saline Aquifere in Betracht:

> *Öl- und Gasreservoire* haben den Vorteil, dass ihre dauerhafte Dichtigkeit über einen Zeitraum von Jahrmillionen nachgewiesen ist. Durch die Exploration und Ausbeutung der Lagerstätten sind die Zusammensetzung der Gesteine und der strukturelle Aufbau der Speicher- und Abdichtformationen sehr genau bekannt. Das größte Problem für die Speichersicherheit sind alte aufgege-

bene Bohrlöcher, die in Öl- und Gasfeldern zum Teil in großer Anzahl vorliegen können. Das Auffinden und insbesondere das Abdichten aller Bohrungen sind aufwendig und kostspielig. Die Injektion von CO_2 kann ggf. dazu genutzt werden, die Förderung von Öl bzw. Gas aus nahezu entleerten Feldern zu verlängern (sog. »Enhanced Oil/Gas Recovery«, EOR, EGR).

> *Saline Aquifere* sind hochporöse mit stark salzhaltiger Lösung (Sole) gesättigte Sedimentgesteine. Ihr Porenraum kann zur CO_2-Aufnahme genutzt werden, dabei wird ein Teil der Sole verdrängt. Für eine Tauglichkeit als CO_2-Lagerstätte muss oberhalb des Aquifers ein möglichst CO_2-dichtes Deckgestein liegen. Es muss möglichst ausgeschlossen werden, dass das CO_2 entlang von Klüften, Bruchzonen o. ä. entweichen kann und dass die Sole in Kontakt mit oberflächennahem Grundwasser kommt.

POTENZIALE

CO_2-Abscheidung und -Lagerung kann nur dann einen nennenswerten Beitrag zum Klimaschutz leisten, wenn ausreichend geeignete Lagerungskapazitäten zur Verfügung stehen, um das abgeschiedene CO_2 auch aufzunehmen. Die derzeit vorliegenden Schätzungen der *weltweiten* Lagerungspotenziale weisen eine enorme Bandbreite auf (von 100 bis 200.000 Mrd. t CO_2). Für eine verlässliche Einschätzung der möglichen Bedeutung von CCS für den globalen Klimaschutz sind sie daher bei Weitem zu ungenau.

In *Deutschland* befinden sich einige Erdgasfelder in der Endphase der Produktion und wären somit in den nächsten Jahren prinzipiell zur Speicherung von CO_2 verfügbar. Die gesamte Lagerungskapazität in Aquiferen und entleerten Erdgaslagerstätten zusammen beträgt etwa das 40- bis 130-Fache der jährlichen CO_2-Emissionen des deutschen Kraftwerkparks (ca. 350 Mio. t/Jahr).

Ob dieses Potenzial für die CO_2-Lagerung wirtschaftlich erschließbar ist und tatsächlich genutzt werden kann, hängt von einer Reihe geologischer Details, ökonomischer, rechtlicher und politischer Rahmenbedingungen sowie der gesellschaftlichen Akzeptanz ab. Darüber hinaus können für CCS geeignete geologische Formationen auch für alternative Nutzungsformen interessant sein (z.B. Geothermie, saisonale Erdgasspeicher). Daher ist zu erwarten, dass die für CCS faktisch nutzbare Kapazität wesentlich geringer als das theoretische Potenzial ist.

RISIKEN, UMWELTAUSWIRKUNGEN

Entlang der gesamten CCS-Prozesskette besteht die Möglichkeit, dass CO_2 entweicht – mit negativen Auswirkungen sowohl für die lokale Umwelt als auch für das Klima. Generell wird das Risiko der technischen Anlagen (z.B. Abscheidungsanlagen, Kompressoren, Pipelines) als klein bzw. mit den üblichen technischen

Maßnahmen und Kontrollen handhabbar eingeschätzt. Daher konzentriert sich die Risikodiskussion auf die geologischen Reservoire.

Derzeit ist noch umstritten, wie lange das CO_2 mindestens im Untergrund verbleiben muss, damit CCS einen positiven Beitrag zur Minderung von Treibhausgasen in der Atmosphäre erbringen kann. Diskutiert werden meist Zeiträume von 1.000 bis 10.000 Jahren.

Die wichtigsten Prozesse, die die Sicherheit und Dauerhaftigkeit der CO_2-Lagerung beeinträchtigen könnten, sind nach heutigem Kenntnisstand:

> geochemische Prozesse, vor allem die Auflösung von Karbonatgesteinen durch das saure CO_2-Wasser-Gemisch;
> druckinduzierte Prozesse, z. B. die Aufweitung bestehender kleinerer Risse im Deckgestein durch den Überdruck der CO_2-Injektion;
> Leckage durch bestehende Bohrungen; relevant vor allem in Erdöl- bzw. Erdgaslagerstätten;
> Leckage über unentdeckte Migrationspfade im Deckgestein (Klüfte etc.);
> die seitliche (laterale) Ausbreitung des Formationswassers, welches vom eingepressten CO_2 verdrängt wird.

Generelle Aussagen zur Sicherheit bestimmter Speichertypen sind nur begrenzt sinnvoll und reichen zur konkreten Standortentscheidung einer Verpressung von CO_2 bei Weitem nicht aus. Hierfür muss jedes infragekommende Reservoir individuell auf seine spezifischen Gegebenheiten hin untersucht werden. Für die Einschätzung von Risikoprofilen geologischer Reservoire müssen daher dringend weitere Studien und Feldversuche durchgeführt werden.

Die Langzeitsicherheit von geologischen CO_2-Lagerstätten ist nicht allein eine Frage der geologischen Gegebenheiten. Vielmehr muss durch geeignete Regulierung und kontinuierliche Überwachung (Monitoring) ein ausreichender Kenntnisstand gewährleistet sein, damit die Speicherrisiken minimiert werden können.

KOSTEN, WETTBEWERBSFÄHIGKEIT

Die Kosten der CO_2-Abscheidung und -Lagerung setzen sich aus den Kosten der einzelnen Prozessschritte (Abscheidung, Transport und Lagerung) zusammen. Zusätzlich muss der Wirkungsgradverlust der Kraftwerke und der damit einhergehende erhöhte Verbrauch an Primärenergieträgern berücksichtigt werden.

Der dominante Kostenfaktor sind die Aufwendungen für die CO_2-Abscheidung. Verglichen mit einem Kraftwerk desselben Typs aber ohne Abscheidung werden Mehrkosten zwischen 26 Euro/t und 37 Euro/t geschätzt (bezogen auf die Menge vermiedenes CO_2). Für Kohlekraftwerke bedeutet dies annähernd eine Verdoppelung der Stromgestehungskosten; für Erdgaskombikraftwerke eine Steigerung um 50 %. Aus den bislang vorliegenden Kostenanalysen lässt sich keine eindeutige Präferenz für eine bestimmte Technik (z.B. Oxyfuel vs. Pre-Combustion) ableiten. Die CO_2-Vermeidungskosten von CCS bei Kohlekraftwerken liegen – unter der Annahme einer Markteinführung um das Jahr 2020 – etwa zwischen 35 und knapp unter 50 Euro/t CO_2, Erdgaskraftwerke liegen deutlich darüber.

Die CCS-Technologie wird nur dann auf dem Strommarkt eingesetzt werden, wenn sie mit anderen Erzeugungsoptionen wettbewerbsfähig ist. Das setzt voraus, dass klimaschonende Stromerzeugung ökonomisch belohnt wird. In anderen Worten: Der Preis für emittiertes CO_2, wie er z.B. auf dem europäischen Markt für CO_2-Emissionszertifikate (EUA) gebildet wird, muss mindestens so hoch sein, dass CCS-Kraftwerke mit fossilen Kraftwerken ohne CO_2-Abscheidung konkurrenzfähig sind. Dies wäre im Lichte der oben genannten CO_2-Vermeidungskosten bei einem Preis von etwa 30 bis 40 Euro/EUA der Fall.

Ein Vergleich der Stromgestehungskosten von CCS-Kraftwerken mit anderen CO_2-armen, v.a. regenerativen, Erzeugungsoptionen zeigt, dass im Jahr 2020 die meisten der betrachteten regenerativen Technologien ein ähnliches Kostenniveau erreicht haben könnten, wie es für CCS-Kraftwerke ermittelt wurde (im Bereich von 0,05 bis 0,07 Euro/kWh). Obschon solche langfristigen Projektionen in Bezug auf ihre Prognosekraft nicht überinterpretiert werden sollten, erscheint es unbestreitbar, dass CCS kein Alleinstellungsmerkmal besitzen wird, sondern sich im Konzert mit anderen Technologien zur CO_2-armen Stromerzeugung behaupten muss.

INTEGRATION IN DAS ENERGIESYSTEM

In Deutschland besteht aufgrund der Altersstruktur der Kraftwerke in den nächsten zwei bis drei Jahrzehnten ein erheblicher Erneuerungsbedarf. Welchen Beitrag die CCS-Technologie vor diesem Hintergrund zur CO_2-Minderung leisten kann, hängt entscheidend von der Beantwortung folgender Fragen ab:

> Wann steht CCS tatsächlich zur Verfügung?
> Ist die Nachrüstung bestehender Kraftwerke mit CCS-Technologie machbar?
> Ist das Konzept tragfähig, bereits jetzt neu zu bauende Kraftwerke für die Nachrüstung vorzubereiten (sog. »capture ready«)?

Da ein wirksamer Klimaschutz nur global angegangen werden kann, sollte CCS auch aus einer internationalen Perspektive bewertet werden.

ZEITRAHMEN FÜR DIE VERFÜGBARKEIT

In verschiedenen Papieren zur Forschungsstrategie und sog. »Roadmaps« wird der Zeithorizont thematisiert, bis zu dem die CCS-Technologie verfügbar sein könnte. Gemeinsam ist den meisten dieser Veröffentlichungen die Nennung des

Zieljahrs 2020 für die kommerzielle Verfügbarkeit im Kraftwerksmaßstab. Dies wird in Fachkreisen als sehr ambitioniert eingeschätzt. Ein Grund für diesen knappen Zeitraum könnte die Erkenntnis sein, dass der Beitrag, den CCS zur CO_2-Minderung leisten kann, immer kleiner wird, je später die Technologie voll verfügbar ist. Führt man sich die derzeit begonnenen bzw. geplanten Pilot- und Demonstrationsprojekte vor Augen, so erscheint die Einhaltung des genannten Zeitrahmens nur unter günstigen ökonomischen und politischen Randbedingungen möglich.

NACHRÜSTBARKEIT/»CAPTURE READY«

Prinzipiell können bestehende Kraftwerke mit Anlagen zur CO_2-Abscheidung nachgerüstet werden. Die nachgeschaltete Rauchgaswäsche (Post-Combustion) verursacht hierbei den kleinsten technischen Aufwand und hat die geringste Eingriffstiefe in den Kraftwerksprozess selbst. Ob Kraftwerke tatsächlich nachgerüstet werden, hängt nicht nur von der technologischen Machbarkeit, sondern entscheidend von der Wirtschaftlichkeit ab. Eine Nachrüstung von Kraftwerken ist kostspielig und im Regelfall teurer als die Integration der CO_2-Abscheidung in eine Neuanlage. Es ist anzunehmen, dass die Nachrüstung nur dann in größerem Umfang durchgeführt würde, wenn die ökonomischen Anreize zur CO_2-Abscheidung hoch genug sind oder aber z.B. eine Verpflichtung zur Nachrüstung eingeführt würde.

Die Idee, neu zu bauende Kraftwerke bereits heute so auszulegen, dass sie technisch unkompliziert und kostengünstig mit CO_2-Abscheidungsanlagen nachrüstbar sind, sobald die Technologie und die entsprechenden CO_2-Lagerstätten zur Verfügung stehen, klingt auf den ersten Blick einleuchtend und attraktiv. Das »Capture-ready«-Konzept wird derzeit in Fachkreisen viel diskutiert, insbesondere seit die EU-Kommission den Vorschlag in die Debatte eingebracht hat, zukünftig nur noch fossil befeuerte Kraftwerke zu genehmigen, die »capture ready« sind. Allerdings sind die Möglichkeiten für den Einbau von »Capture-ready«-Komponenten in heute zu errichtende Kraftwerke äußerst begrenzt.

Ökonomisch tragfähig wären aus heutiger Sicht lediglich Maßnahmen, die nur geringe Kosten verursachen, z.B. das Vorhalten des Bauplatzes für die CO_2-Abscheidungsanlage und das Offenhalten eines einfachen Zugangs zu Komponenten, die im Zuge der Nachrüstung wahrscheinlich aufgerüstet oder ausgetauscht werden müssten. Des Weiteren kommt in Betracht, bei der Standortwahl für Kraftwerke darauf zu achten, dass sie nahe an einer möglichen Lagerstätte oder an existierender Infrastruktur für den CO_2-Transport liegen.

Für eine belastbare Einschätzung, ob das »Capture-ready«-Konzept tragfähig ist, besteht noch ein erheblicher Bedarf an technisch-ökonomischen Analysen. Außerdem müssen Kriterien entwickelt werden, die es z. B. Genehmigungsbehörden ermöglichen, die »capture readiness« von Kraftwerken zu beurteilen.

INTERNATIONALE/GLOBALE PERSPEKTIVE

Die CCS-Technologie könnte besonders attraktiv für Länder sein, die Klimaschutzmaßnahmen bislang skeptisch gegenüberstanden (z.b. USA) und/oder ihre heimische fossile Primärenergiebasis (v.a. Kohle) weiter nutzen wollen (z.b. China, Indien).

Allein in China wurden in der Zeit von 1995 bis 2002 etwa 100.000 MW fossiler Kraftwerksleistung (vorwiegend Kohlekraftwerke) gebaut. Für die Zeit von 2002 bis 2010 wird prognostiziert, dass nochmals etwa 170.000 MW hinzukommen werden. Bei einer ungehemmten Fortsetzung dieses Trends wäre der Erfolg der internationalen Klimaschutzbemühungen absolut infrage gestellt.

Damit der Einsatz der CCS-Technologie in diesen und anderen Schwellenländern attraktiv wird, müsste diese zunachst erfolgreich weiterentwickelt und erprobt werden. Hierfür kommen in erster Linie die Industrieländer mit ihrem technischen Know-how und ihren finanziellen Möglichkeiten in Betracht. Angesichts der Dynamik des Kraftwerksausbaus müsste allerdings die Einführung von CCS so schnell wie möglich erfolgen, da sich anderenfalls das Zeitfenster hierfür schließt und für viele Dekaden verschlossen bleiben könnte.

ÖFFENTLICHE WAHRNEHMUNG UND AKZEPTANZ

Die öffentliche Wahrnehmung kann erhebliche und unerwartete Auswirkungen auf geplante Technologie- und Infrastrukturprojekte haben. Auseinandersetzungen – beispielsweise um Kernenergie und Gentechnik – legen dafür ein beredtes Zeugnis ab. Technologien wie CCS mit teilweise schwer einschätzbaren langfristigen Risiken für Sicherheit, Gesundheit und Umwelt sind besonders anfällig dafür, öffentliche Beunruhigung und ggf. Widerstand auszulösen.

Die Sicherstellung eines hohen Maßes an öffentlicher Akzeptanz sollte daher von Beginn an ein hochrangiges Ziel sein. Eine wichtige Voraussetzung für Akzeptanz ist die Schaffung von Transparenz durch umfassende Information sowohl über die Ziele von CCS im Allgemeinen als auch über konkrete Vorhaben und Projekte. Wie die Vergangenheit jedoch gezeigt hat, sind reine Informations- und Werbemaßnahmen zur Akzeptanzbeschaffung bei Weitem nicht ausreichend. Zur Vermeidung von Akzeptanz- und Vertrauenskrisen sollte daher frühzeitig ein ergebnisoffener Dialogprozess zwischen Industrie, Interessengruppen, Wissenschaft und Öffentlichkeit organisiert werden.

RECHTSFRAGEN

Für die Erprobung, Einführung und Verbreitung der CCS-Technologie muss ein geeigneter Regulierungsrahmen geschaffen werden, der gleichzeitig drei Zielsetzungen verfolgen sollte: erstens die Bedingungen für die *Zulässigkeit* der verschiedenen Komponenten der CCS-Technologie (Abscheidung, Transport, Lagerung) schaffen, zweitens *Anreize* dafür setzen, dass Investitionen in die CCS-Technologie getätigt werden und drittens sicherstellen, dass CCS nicht an mangelnder *Akzeptanz* allgemein und vor allem an den Standorten von Ablagerungsanlagen scheitert.

Nach derzeitigem Recht gibt es weder ein Verfahren für die *Standorterkundung* von Ablagerungsstätten noch für die *Ablagerung* von CO_2. Die Schaffung eines adäquaten Regulierungsrahmens bedeutet eine doppelte Herausforderung: Geht man einerseits davon aus, dass im Sinne des Klimaschutzes die zügige Einführung von CCS im industriellen Maßstab im öffentlichen Interesse liegt, so ist es erforderlich, kurzfristig erste CCS-Vorhaben zuzulassen, um Erfahrungen mit dieser Technologie zu sammeln. Diese Erfahrungen werden sowohl zur Weiterentwicklung der Technik als auch für die politisch-rechtliche Steuerung benötigt. Es gibt in Deutschland mehrere Unternehmen, die bereits konkrete Vorhaben mit diesem Ziel planen, teilweise im fortgeschrittenen Stadium. Ohne kurzfristige Anpassung des derzeitigen Rechts sind die geplanten Vorhaben jedoch unzulässig.

Andererseits ist eine Regelungskonzeption anzustreben, die alle relevanten Aspekte in den Blick nimmt: die gezielte Nutzung der nur begrenzt vorhandenen Ablagerungskapazitäten, die Berücksichtigung konkurrierender Nutzungsansprüche, Haftungsfragen, die Schaffung von Transparenz, die raumplanerischen Herausforderungen, die Integration in das Klimaschutzregime etc. Eine solche Regelungskonzeption würde wesentlich zur Akzeptanz und Konfliktvermeidung beitragen. Dies erfordert jedoch ausreichend Zeit für Ausarbeitung, Diskussion, Herbeiführung der Entscheidung und Umsetzung.

HANDLUNGSBEDARF

Auf der Grundlage des gegenwärtigen Wissensstandes und unter der Voraussetzung, dass aus Gründen des Klimaschutzes ein öffentliches Interesse an der Umsetzung der CCS-Technologie konstatiert werden kann, besteht nach Einschätzung des TAB folgender prioritärer Handlungsbedarf:

VERBREITERN DER WISSENSBASIS – SCHLIESSEN KRITISCHER WISSENSLÜCKEN

Die derzeitige Wissensbasis reicht für eine belastbare Einschätzung der technischen und ökonomischen Machbarkeit von CCS und eine Bewertung, welchen Beitrag CCS zum Erreichen der Klimaschutzziele leisten kann, bei Weitem nicht aus. Hierfür müssen zahlreiche kritische Wissenslücken geschlossen werden.

Was die Forschung und Entwicklung im Bereich der *CO_2-Abscheidung* und von Technologien zur *CO_2-Konditionierung und zum Transport* anbetrifft, ist als primärer Akteur die Industrie (Kraftwerks- und Anlagenbau, Energieversorger,

Chemische Industrie) gefordert. Die Hauptaufgabe für staatliche Akteure wäre es hier, ein verlässliches Umfeld zu erhalten bzw. zu schaffen, damit die Unternehmen die gesellschaftlich gewünschte Forschungsinitiative auch voll entfalten können. Als Aktionsfeld für öffentliche Forschungsförderung kämen vor allem hochinnovative Verfahren mit großem potenziellen ökologischen und gesamtwirtschaftlichen Nutzen sowie Querschnittsfelder (z.B. Materialforschung) infrage.

Das größte Wissensdefizit und der umfangreichste Forschungsbedarf besteht derzeit im Bereich der geologischen CO_2-Lagerung. Gleichzeitig sind in diesem Feld staatliche Akteure besonders gefordert. Fragestellungen, die sich für öffentlich geförderte Forschungsprojekte besonders anböten, wären z.b. die Wechselwirkung von eingepresstem CO_2 mit dem Gestein sowie die Bestimmung der Speicherkapazität und Untersuchungen zur Eignung für eine dauerhafte Lagerung von CO_2 von geologischen Formationen. Dringender Forschungsbedarf besteht im Bereich der möglichen Konkurrenz mit alternativen Nutzungen (Erdgasspeicher, Geothermie). Hierzu gehört auch die Frage, wie Nutzungskonflikte gegebenenfalls aufzulösen wären (z.B. Vorrangregelungen).

Es ist dringend anzuraten, dass in die Durchführung von Pilotprojekten frühzeitig sozial- und umweltwissenschaftliche Begleitforschung integriert wird, damit die Technologieentwicklung an den Kriterien einer nachhaltigen Entwicklung ausgerichtet werden kann und entscheidungsrelevantes Wissen zu ökonomischen, ökologischen und sozialen Folgewirkungen der CCS-Technologie bereitgestellt wird. Hierzu gehören die Analyse von Potenzialen, Risiken und Kosten, ökobilanzielle Betrachtungen sowie Fragen der Integration von CCS in das Energiesystem.

ANSTOßEN EINER ÖFFENTLICHE DEBATTE

Um zu verhindern, dass sich mangelnde Akzeptanz zu einem Hemmschuh der weiteren Entwicklung und Nutzung der CCS-Technologie entwickelt, sollte rechtzeitig eine bundesweite Kommunikations-, Informations- und Beteiligungsstrategie entworfen und umgesetzt werden. Dieser Prozess sollte ergebnisoffen strukturiert sein und ausloten, ob und wie ein möglichst breiter gesellschaftlicher Konsens erreichbar sein könnte. Dies ist eine anspruchsvolle Aufgabe, mit der begonnen werden sollte, bevor erste konkrete Standortentscheidungen zu treffen sind. Als möglicher erster Schritt in der Organisation dieses Verständigungsprozesses wird die Gründung eines nationalen »CCS-Forums« zur Diskussion gestellt, das alle relevanten Positionen von Stakeholdern in Deutschland zusammenbringen könnte.

SCHAFFUNG EINES REGULIERUNGSRAHMENS

Es gibt in Deutschland mehrere Unternehmen, die bereits konkrete CCS-Vorhaben planen, teilweise im fortgeschrittenen Stadium. Ohne kurzfristige Anpassung des derzeitigen Rechts sind die geplanten Vorhaben jedoch unzulässig. Daher besteht hier dringender Handlungsbedarf.

Es bietet sich ein zweistufiges Vorgehen an: Im Zuge einer kurzfristig zu realisierenden Interimslösung sollten die rechtlichen Voraussetzungen geschaffen werden, damit Vorhaben, die überwiegend der Erforschung und Erprobung der CO_2-Ablagerung dienen, zeitnah gestartet werden können. Kernelement eines kurzfristigen Regelungsrahmens wäre die Schaffung eines Zulassungstatbestands im Bergrecht.

Gleichzeitig sollte ein umfassender Regulierungsrahmen entwickelt und möglichst auf EU-Ebene und international abgestimmt werden, der allen Aspekten der CCS-Technologie Rechnung trägt. Dieser könnte die Interimsregulierung ablösen, sobald der großtechnische Einsatz von CCS ansteht.

»Das gegenwärtige Energiesystem ist nicht nachhaltig.« Zu dieser einvernehmlichen Feststellung gelangte die Enquete-Kommission »Nachhaltige Energieversorgung unter den Bedingungen der Globalisierung und der Liberalisierung« des 14. Deutschen Bundestages. Diese Einschätzung beruht maßgeblich darauf, dass die heutige Energiebereitstellung und -nutzung in großem Umfang Umweltkosten negiert, Raubbau an knappen Ressourcen betreibt und Risikoaspekten zu geringe Beachtung schenkt (EK 2002).

Die gegenwärtige Energieversorgung in Deutschland und in der EU beruht zu über 80 % auf erschöpflichen fossilen Energieträgern (Kohle, Öl, Gas), bei deren Nutzung CO_2 entsteht, das zum vom Menschen gemachten Klimawandel beiträgt. In der EU-25 wird, falls die gegenwärtigen Trends anhalten, bis zum Jahr 2020 ein Anstieg des Primärenergieverbrauchs um etwa 20 % gegenüber 1990 erwartet. Beim Verbrauch fossiler Energieträger wird mit einem Zuwachs von ca. 10 % gerechnet. Die Bedeutung von Kohle nimmt zwar stark ab, dies wird aber überkompensiert durch einen drastischen Anstieg beim Verbrauch von Erdgas. Dies hätte eine Zunahme der CO_2-Emissionen um 4 % (bezogen auf 1990) zur Folge (EU-Kommission 2006).

Inzwischen besteht in Deutschland und in Europa eine breite Akzeptanz für die Zielsetzung, die Treibhausgasemissionen in der EU und weltweit so weit zu senken, dass der globale Temperaturanstieg auf 2 °C gegenüber dem vorindustriellen Niveau begrenzt wird (Bundesregierung 2006; EU-Kommission 2007a). Hierfür wäre in den Industrieländern eine Reduktion der Emissionen bis 2020 um mindestens etwa 30 % erforderlich.

In Deutschland und der EU wäre ein solch anspruchsvolles Reduktionsziel möglicherweise erreichbar, wenn eine umfassende Klimaschutzstrategie – u.a. bestehend aus verstärkten Anstrengungen für eine verbesserte Energieeffizienz, einem beschleunigten Ausbau erneuerbarer Energien und der Substitution von kohlenstoffintensiven Energieträgern (z.B. Kohle durch Erdgas) – konsequent umgesetzt würde. Realistisch erscheint dies aber nur dann, wenn dazu weit über das heute Übliche hinausgehende politische Anstrengungen unternommen werden (Prognos/EWI 2007). International wird in einigen Ländern die Befürchtung geäußert, dass die hierfür erforderlichen Maßnahmen sowie die damit verbundenen Kosten die wirtschaftliche und soziale Entwicklung hemmen könnten.

Vor diesem Hintergrund stellt sich die Frage, ob nicht die Abscheidung von CO_2 aus dem Abgasstrom von Kraftwerken und dessen unterirdische Lagerung (Carbon Dioxide Capture and Storage, CCS) eine Möglichkeit darstellen könnte, die ambitionierten Klimaschutzziele zu erreichen. Die Erforschung und Erprobung sowie die Diskussion der CCS-Technologie sind im europäischen und internationalen Raum schon seit einiger Zeit im Gange. Gegenwärtig sind weltweit drei CCS-Großprojekte (mit mehr als 1 Mio. t CO_2/Jahr) in Betrieb: »Sleipner« in Norwegen, »Weyburn« in Kanada und »In Salah« in Algerien. Weitere sind in Planung. In Deutschland sind erst in jüngster Zeit diesbezügliche Aktivitäten wahrnehmbar (v. a. CO2Sink in Ketzin bei Potsdam).

Aus diesen Gründen hat im Sommer 2006 der Ausschuss für Bildung, Forschung und Technikfolgenabschätzung des Deutschen Bundestages beschlossen, das TAB mit der Bearbeitung des Themas »CO_2-Abscheidung und -Lagerung bei Kraftwerken« zu beauftragen. Ziel war es zum einen, den gegenwärtigen Wissensstand zu erheben und kritische Wissenslücken – z. b. bezüglich der Speichersicherheit, der Kosten, der Verfügbarkeit der Technik – zu identifizieren. Des Weiteren sollte der bestehende rechtliche Rahmen für CCS im Hinblick auf mögliche Defizite und gesetzgeberischen Handlungsbedarf analysiert werden. Darüber hinaus wurde untersucht, wie sich die Wahrnehmung bzw. Akzeptanz der CCS-Technologie in Fachkreisen und in der Öffentlichkeit zurzeit darstellt.

Dementsprechend ist der Bericht folgendermaßen aufgebaut: Kapitel II beschreibt den gegenwärtigen Entwicklungsstand der CCS-Technologie (CO_2-Abscheidung, -Transport und -(Ab-)Lagerung) und gibt einen Überblick zum bestehenden Forschungs- und Entwicklungsbedarf. Dieses Kapitel ist bewusst knapp gehalten, da zu diesem Themenbereich bereits eine Reihe von Veröffentlichungen vorliegt. Zu nennen ist hier insbesondere eine aktuelle Publikation der Wissenschaftlichen Dienste des Deutschen Bundestages (WD 2006). Die Mengenpotenziale zur Ablagerung von CO_2 in geologischen Formationen sowie deren Risiken und Kosten werden in Kapitel III analysiert. Im Kapitel IV wird der Frage nachgegangen, welche Aussichten für die Integration von CCS-Kraftwerken ins Energiesystem bei den derzeitigen energiewirtschaftlichen Rahmenbedingungen – z. B. dem Erneuerungsbedarf des Kraftwerksbestands – bestehen. Hier wird auch die Nachrüstung bestehender Kraftwerke mit CCS-Anlagen thematisiert und hinterfragt, welche Möglichkeiten für sog. »Capture-ready«-Kraftwerke existieren. Die öffentliche Wahrnehmung der CCS-Technologie wird in Kapitel V untersucht. Daneben werden Voraussetzungen und Möglichkeiten zur Entwicklung der gesellschaftlichen Akzeptanz dieser Technologie beleuchtet. Einen Schwerpunkt dieses Berichts bildet der Themenkomplex Recht und Regulierung (Kap. VI). Ausgehend von einer Defizitanalyse des derzeitigen Rechtsrahmens, werden konkrete Möglichkeiten aufgezeigt, wie die rechtliche Zulässigkeit für CCS sichergestellt, Anreize für deren Umsetzung gesetzt sowie die Akzeptanzentwicklung unterstützt werden können. Zum Abschluss wird der Handlungsbedarf aufgezeigt, der beim derzeitigen Wissens- und Entwicklungsstand der CCS-Technologie nach Einschätzung des TAB besteht.

Der vorliegende Bericht stützt sich wesentlich auf folgende, im Rahmen dieses Projekts vergebene, Gutachten:

> Dr. M. Jung, C. Kleßmann (Ecofys Germany GmbH): CO_2-Abscheidung und -Lagerung bei Kraftwerken.
> Dr. F.C. Matthes, J. Repenning, A. Hermann, R. Barth, F. Schulze, M. Dross, B. Kallenbach-Herbert, A. Minhans unter Mitarbeit von A. Spindler (Öko-Institut e.V.): CO_2-Abscheidung und -Lagerung bei Kraftwerken – Rechtliche Bewertung, Regulierung, Akzeptanz.
> Dr. C. Cremer, S. Schmidt (Fraunhofer-Institut für System- und Innovationsforschung): Modellierung von Szenarien der Marktdiffusion von CCS-Technologien.

Den Hinweisen im laufenden Text kann entnommen werden, auf welche Gutachten die entsprechenden Kapitel rekurrieren. Die Verantwortung für die Auswahl und Strukturierung der darin enthaltenen Informationen sowie ihre Zusammenführung mit weiteren Quellen liegt beim Autor des vorliegenden Berichts. Den Gutachtern sei an dieser Stelle nochmals ausdrücklich für die Ergebnisse ihrer Arbeit, die exzellente und stets angenehme Zusammenarbeit und die ausgeprägte Bereitschaft zu inhaltlichen Diskussionen gedankt.

Ein herzlicher Dank geht an dieser Stelle auch an die Teilnehmerinnen und Teilnehmer des vom TAB durchgeführten Experten-Workshops, der am 18.01.2007 in Berlin stattgefunden hat. Sie haben mit ihren Diskussionsbeiträgen und Anregungen wertvollen Input für die Erstellung dieses Berichts geliefert: Dr. S. Asmus (RWE Power AG), M. Blohm (Umweltbundesamt, UBA), Prof. Dr. G. Borm (GeoForschungsZentrum Potsdam, GFZ), Dr. R. Brandis (BP AG), Dr. L. Dietrich (Osnabrück), Dr. O. Edenhofer (Potsdam-Institut für Klimafolgenforschung, PIK), Dr. J. Ewers (RWE Power AG), Dr. J.P. Gerling (Bundesanstalt für Geowissenschaften und Rohstoffe, BGR), Dr. G. von Goerne (Greenpeace e.V.), S. Hagedoorn (Ecofys Netherlands BV), Dr. W. Heidug (Shell International Renewables B.V.), Dr. H. Held (Potsdam-Institut für Klimafolgenforschung, PIK), S. Lüdge (Vattenfall Europe Generation AG & Co. KG), Dr. P. Markewitz (Forschungszentrum Jülich), Dr. P. Radgen (Fraunhofer-Institut für System- und Innovationsforschung, ISI), K. Stelter (Deutscher Braunkohlen-Industrie-Verein e.V., DEBRIV), Dr. B. Stevens (Vattenfall Europe Generation AG & Co. KG), Dr. P. Viebahn (Deutsches Zentrum für Luft- und Raumfahrt, DLR), Dr. M. Vosbeek (Ecofys Netherlands BV).

Herrn Dr. Thomas Petermann gebührt aufrichtiger Dank dafür, dass er mit scharfem Auge und konstruktiven Kommentaren wesentlich zur Stringenz und Lesbarkeit des Berichts beigetragen hat. Last but not least sei Dr. Katrin Gerlinger und Dr. Christoph Revermann für das Korrekturlesen von Entwürfen gedankt sowie Ulrike Goelsdorf und Gaby Rastätter für die Unterstützung bei der Erstellung des Endlayouts.

Bei der Nutzung fossiler Energieträger wird unweigerlich CO_2 erzeugt, das üblicherweise in die Atmosphäre entlassen und dort klimawirksam wird. Die Grundidee bei CO_2-Abscheidung und -Lagerung (Carbon Dioxide Capture and Storage, CCS) ist, das CO_2 aufzufangen und dauerhaft von der Atmosphäre zu isolieren. Diese Technik kommt vor allem für große sog. Punktquellen infrage, bei denen CO_2 im Maßstab von Mio. t/Jahr anfällt. Dies sind in erster Linie stromerzeugende Kraftwerke. Darüber hinaus ist die CO_2-Abscheidung auch für verschiedene Industrie-Prozesse interessant, da hier das CO_2 in relativ konzentrierter Form anfällt, z. B. bei der Herstellung von Ammoniak oder Zement. Für Anlagen, bei denen nur relativ wenig CO_2 erzeugt wird (z. B. Gebäudeheizungen), oder für mobile Quellen (z. B. Fahrzeuge) eignet sich die CCS-Technologie dagegen nicht.

ABB. 1 CO_2-INTENSITÄT AUSGEWÄHLTER STROMERZEUGUNGSSYSTEME

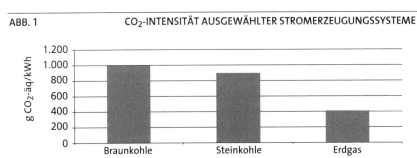

Braunkohle: Dampfkraftwerk η=43%, BK Rheinland
Steinkohle: Dampfkraftwerk η =45,5%, SK GER
Erdgas: Gas- und Dampfkombikraftwerk η =57,6%, Erdgas Mix-GER

Quelle: eigene Darstellung, Daten aus Marheineke 2002, S. 180

Die Menge CO_2, die pro erzeugter Einheit Nutzenergie freigesetzt wird (d. h. die CO_2-Intensität), hängt von der Art des Energieträgers (vor allem seinem Kohlenstoffgehalt) und der Effizienz der Umwandlungsprozesse ab (Abb. 1, hierzu s. a. WD 2007). Es wird also z. B. in Kohlekraftwerken bezogen auf die erzeugte Strommenge wesentlich mehr CO_2 emittiert als in Gaskraftwerken. Daher wird CCS vor allem für Kohlekraftwerke diskutiert. Dennoch sollten auch die CO_2-Minderungspotenziale von Erdgaskraftwerken durch CCS nicht außer Acht gelassen werden. Beim Einsatz von Biomasse als Energieträger wäre durch CCS perspektivisch sogar eine aktive Reduzierung des CO_2-Gehaltes der Atmosphäre denkbar.

Die CCS-Technologiekette besteht aus drei Schritten: der *Abtrennung* des möglichst konzentrierten CO_2 am Kraftwerk, seinem *Transport* zu einer geeigneten Lagerstelle und der eigentlichen *(Ab-)Lagerung*[1] in einer geologischen Formation.

Eine wesentliche Basis der folgenden Darstellung ist das vom TAB in Auftrag gegebene Gutachten (Ecofys 2007).

CO_2-ABTRENNUNG   1.

Anhand des Prozessschemas in Abbildung 2 können die drei Möglichkeiten, CO_2 bei einem (Kohle)kraftwerk abzuscheiden, anschaulich gemacht werden.

ABB. 2   PROZESSSCHEMA EINES KOHLEKRAFTWERKS

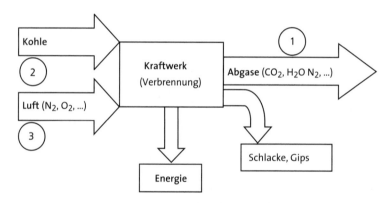

Quelle: eigene Darstellung

Es kann (1) nach der Verbrennung aus den Abgasen herausgefiltert werden, der Kohlenstoff kann (2) schon vor dem eigentlichen Verbrennungsprozess im Kraftwerk aus dem Energieträger entfernt werden, oder (3) die Verbrennung kann in einer Sauerstoffatmosphäre durchgeführt werden, damit als Abgas (fast) nur CO_2 entsteht. Diese Möglichkeiten nennt man (1) Post-Combustion, (2) Pre-Combustion bzw. (3) Oxyfuel.

---

1   In der Literatur wird eine ganze Reihe verschiedener Termini verwendet, z. B. Speicherung, Sequestrierung, Deponierung, Injektion in ein Reservoir etc., welche mit ihren jeweils eigenen Konnotationen bestimmte Aspekte des Sachverhaltes betonen. Der hier verwendete Begriff »Lagerung« bringt u.E. die Intention der langfristigen Isolierung am besten zum Ausdruck. Eine Festlegung etwa im Sinne eines juristischen Tatbestandes ist hiermit nicht intendiert.

POST-COMBUSTION   1.1

FUNKTIONSWEISE

Beim Post-Combustion-Verfahren wird das im Rauchgas enthaltene CO$_2$ mittels einer Gasseparation abgeschieden (Abb. 3).

ABB. 3	CO$_2$-ABSCHEIDUNG NACH DER VERBRENNUNG

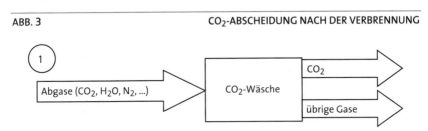

Dieses Flussbild setzt an Pfeil (1) in Abbildung 2 an.
Quelle: eigene Darstellung

Die gängigste Methode ist die chemische Absorption, bei der das CO$_2$ in einem flüssigen Lösungsmittel (meist Monoethanolamin, MEA) gebunden wird. Anschließend wird das Lösungsmittel regeneriert, indem das CO$_2$ durch Erhitzen ausgetrieben wird. Hiermit ist ein erheblicher Energieaufwand verbunden. Darüber hinaus können prinzipiell auch andere Wege, u.a. Oberflächenverfahren (z.b. Adsorption an Aktivkohle), kryogene Prozesse und Membrane zur Abtrennung von CO$_2$ genutzt werden.

VORTEILE/NACHTEILE

Die CO$_2$-Rauchgaswäsche ist ein nachgeschaltetes Verfahren und kann daher prinzipiell auch in bestehende industrielle Prozesse und Kraftwerke integriert werden. Dem Vorteil der Nachrüstbarkeit stehen relativ hohe Kosten und energetische Verluste gegenüber. Außerdem besteht ein erheblicher Platzbedarf für die Abscheidungsanlagen. Bei Nachrüstung von konventionellen Kohlekraftwerken muss mit Wirkungsgradeinbußen von 8 bis 14%-Punkten[2], einer Erhöhung des Brennstoffbedarfs um 10 bis 40% und zusätzlichen Investitionskosten von 20 bis 150% gerechnet werden (IPCC 2005, S.169; WI/DLR/ZSW/PIK 2007, S.48).

STAND DER TECHNIK/FORSCHUNGSBEDARF

Die chemische Absorption ist derzeit das einzige kommerziell verfügbare Verfahren zur Abscheidung von CO$_2$ und wird z.B. zur Erdgasaufbereitung großtechnisch eingesetzt. Um es für Kraftwerke einsatzfähig zu machen, muss es aber wegen

---

2   Beispielsweise hätte ein Kraftwerk mit einem Ausgangswirkungsgrad von 43% bei Nachrüstung einer CO$_2$-Abscheidungsanlage nur noch 29 bis 35% Wirkungsgrad.

des enormen Volumenstroms und des geringen CO_2-Gehalts der Rauchgase noch 20- bis 50-fach größer dimensioniert werden (ETP ZEP 2006a, S. 13).

Zukünftige Effizienzsteigerungen sind vor allem durch die Weiterentwicklung der eingesetzten Lösungsmittel zu erwarten. Auch die Erhöhung ihrer Stabilität gegenüber Alterungs- und Abbauprozessen (verursacht z. B. durch Verunreinigungen und Restsauerstoff im Rauchgas) ist ein wichtiges Forschungsziel. Weitere Schlüsselbereiche der FuE bei der Rauchgaswäsche sind die Prozessintegration und Optimierung für die Anwendung in Großkraftwerken.

Perspektivisch könnten auch adsorptive, kryogene und Membranverfahren interessant werden, da diese (vor allem Membranverfahren) eine höhere Effizienz und geringere Kosten versprechen. Derzeit befinden sich diese Verfahren noch in einem frühen Forschungsstadium. Für einen detaillierten Überblick über den Forschungsstand und Forschungsnotwendigkeiten siehe z. B. ETP ZEP (2006a, S. 12 ff.).

PRE-COMBUSTION   1.2

FUNKTIONSWEISE

Das Pre-Combustion-Verfahren beruht darauf, dass in einem vorgeschalteten Schritt aus dem kohlenstoffhaltigen Energieträger Wasserstoff erzeugt wird, der dann im Kraftwerk eingesetzt wird; als Verbrennungsprodukt entsteht hier nur Wasserdampf. Im Prinzip ist das Verfahren brennstoffunabhängig, es bietet sich aber besonders für IGCC-Kohlekraftwerke[3] an. Hier wird die Kohle in einem Vergaser in ein Gemisch aus Wasserstoff und Kohlenmonoxid (sog. »Synthesegas«) umgewandelt. In einem katalytischen Reaktor (sog. »Shiftconverter«) wird das Kohlenmonoxid in Reaktion mit Wasserdampf zu Kohlendioxid und weiterem Wasserstoff umgesetzt. Im nächsten Schritt kann das CO_2 abgetrennt werden, z. B. durch physikalische Adsorption oder Membrantechniken.

ABB. 4	CO$_2$-ABSCHEIDUNG VOR DER VERBRENNUNG

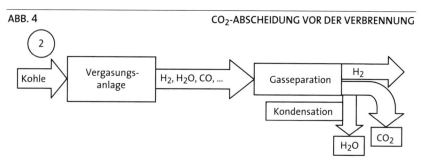

Dieses Flussbild setzt an Pfeil (2) in Abbildung 2 an.

Quelle: eigene Darstellung

---

3   Integrated Gasification Combined Cycle, IGCC, sind Gas- und Dampfkombikraftwerke mit integrierter Kohlevergasung.

VORTEILE/NACHTEILE

Das Verfahren der Abtrennung vor der Verbrennung hat den Vorteil, dass das zu behandelnde Gas unter Druck steht und nicht mit Stickstoff verdünnt ist. Dies verringert den Energiebedarf und die technologischen Anforderungen an die CO$_2$-Abscheidung verglichen mit dem Post-Combustion-Konzept. Nachteilig ist allerdings die erhöhte Komplexität von IGCC-Kraftwerken, die in der Vergangenheit zu Problemen mit der Verfügbarkeit der Anlagen geführt hat. Außerdem fügt die CO$_2$-Abtrennung dem ohnehin schon komplexen Prozess ein weiteres Element hinzu.

Das Verfahren bietet perspektivisch die Möglichkeit, Wasserstoff aus fossilen Brennstoffen relativ CO$_2$-arm zu erzeugen. Dieser Wasserstoff könnte z. B. auch in hocheffizienten Brennstoffzellen zur Elektrizitätserzeugung oder als Treibstoff in Fahrzeugen genutzt werden. Eine weitere Option ist es, das Synthesegas zur Herstellung synthetischer Kraftstoffe zu verwenden.

STAND DER TECHNIK/FORSCHUNGSBEDARF

IGCC (ohne CO$_2$-Abtrennung) ist keine neue Technologie. Die erste Pilotanlage stammt aus dem Jahr 1984, derzeit befinden sich weltweit fünf IGCC-Kraftwerke in Betrieb. Dennoch konnten sich IGCC-Kraftwerke auf dem Markt bisher nicht durchsetzen (BINEinfo 2006).

Für den Pre-Combustion-Prozess erforderliche hocheffiziente, für CCS-optimierte Wasserstoffturbinen befinden sich derzeit noch im Pilotstadium (ETP ZEP 2006a). Deren zügige Weiterentwicklung wird als Schlüsselelement für den kommerziellen Einsatz der Pre-Combustion-Technologiekette angesehen.

Fortschritte bei der Membrantechnologie könnten einen Beitrag zur Effizienzsteigerung und Wirtschaftlichkeit dieses Verfahrens leisten. Auch hier besteht ein Bedarf für Prozessoptimierung und sog. »up-scaling«, um das Verfahren großtechnisch und kommerziell einsetzbar zu machen.

Über die Entwicklung von Einzelkomponenten hinaus besteht eine wesentliche Herausforderung darin, die Prozesskette in ihrer ganzen Komplexität im realen Kraftwerksmaßstab zu beherrschen und eine hohe Verfügbarkeit der gesamten Anlage zu garantieren. Diese Zielsetzung verfolgt auch eine Projektplanung des Unternehmens RWE Power, bis zum Jahr 2014 ein 450 MW$_{el}$ IGCC-Kraftwerk mit CO$_2$-Abtrennung und -Speicherung in Betrieb zu nehmen (RWE 2007).

OXYFUEL-VERFAHREN   1.3

FUNKTIONSWEISE

Beim Oxyfuel-Verfahren findet die Verbrennung in fast reinem Sauerstoff statt. Dadurch entstehen einerseits geringere Rauchgasmengen und andererseits eine hohe CO_2-Konzentration im Rauchgas (über 70 %). Der dazu notwendige Sauerstoff muss durch Luftzerlegung (Luftverflüssigung mit anschließender Destillation bzw. genauer: Rektifikation) bereitgestellt werden.

ABB. 5   OXYFUEL-VERFAHREN

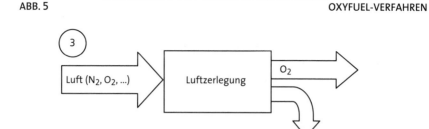

Dieses Flussbild setzt an Pfeil (3) in Abbildung 2 an.

Quelle: eigene Darstellung

Da eine Sauerstoffverbrennung sehr hohe Verbrennungstemperaturen und damit potenzielle Materialprobleme zur Folge hat, wird ein Teil des CO_2-reichen Verbrennungsgases wieder in die Verbrennungsanlage zurückgeführt, um die Temperatur der Flamme zu reduzieren.

VORTEILE/NACHTEILE

Durch die hohe CO_2-Konzentration im Rauchgas reduzieren sich die Kosten der CO_2-Abscheidung. Der Nachteil bei diesem Verfahren ist, dass die Herstellung des reinen Sauerstoffs mit einem hohen Energieverbrauch und erheblichen Kosten verbunden ist. Darüber hinaus ist die Konzentration von Verunreinigungen im CO_2 relativ hoch, sodass (je nach Anforderungen an die Reinheit des CO_2 für Transport und Ablagerung) eine Nachbehandlung erforderlich werden kann (Yan et al. o.J.).

STAND DER TECHNIK/FORSCHUNGSBEDARF

Luftzerlegungsanlagen zur Herstellung von Sauerstoff sind seit Längerem im industriellen Einsatz. Der hohe Energieverbrauch bei der Luftverflüssigung lässt jedoch die signifikante Weiterentwicklung dieses Verfahrens oder alternativer

Methoden der Sauerstoffherstellung (z. B. Membrantechnologien) notwendig erscheinen.

Ein Ziel der weiteren Forschung ist die Optimierung des Verbrennungsprozesses in Sauerstoff. Weiterhin besteht Forschungsbedarf in Bezug auf zulässige Unreinheiten und generell der Behandlung des CO_2-reichen Rauchgases. (ETP ZEP 2006a, S. 17 f.).

Der Energieversorger Vattenfall errichtet zurzeit eine 30 MW_{th} Pilotanlage, die 2008 in Betrieb gehen soll. Ein nächster Schritt wäre die Errichtung einer Demonstrationsanlage in einer kraftwerkstypischen Größenordnung (mehrere 100 MW_{th}). Auch beim Oxyfuel-Prozess spielt die Prozessintegration der Einzelelemente eine wichtige Rolle, um die Technologie großtechnisch anwendbar machen zu können.

INNOVATIVE CO_2-ABTRENNUNGSVERFAHREN   1.4

Post-Combustion, Pre-Combustion und Oxyfuel sind die kurz- bis mittelfristig einsetzbaren Verfahren zur CO_2-Abtrennung in Kraftwerken. Daneben werden auch alternative Trennverfahren erforscht, die langfristig wesentliche Fortschritte v.a. bezüglich ihres Energiebedarfs und der Kosten versprechen. Gemeinsam ist diesen innovativen Verfahren, dass sie sich im Stadium von Konzeptstudien und Laborversuchen befinden. Mit ihrem Einsatz ist daher voraussichtlich frühestens in 20 bis 30 Jahren zu rechnen. Aussichtsreiche Kandidaten für innovative Trennverfahren sind die Nutzung von Brennstoffzellen, der sog. ZECA-Prozess sowie das »Chemical Looping Combustion«.

BRENNSTOFFZELLEN

Eine interessante Möglichkeit ist, Festoxidbrennstoffzellen (Solid Oxide Fuel Cell, SOFC) zur Stromerzeugung einzusetzen. Der Elektrolyt dieses Brennstoffzellentyps ist eine sauerstoffdurchlässige Keramik (meist dotiertes Zirkoniumdioxid), sodass die Trennung von Sauerstoff und Stickstoff intern ohne besondere Maßnahmen bereits stattfindet. Das Abgas (auf der Anodenseite) enthält damit nur CO_2 und nichtreagiertes Brenngas. Dieses kann in einem Brenner (Water Gas Shift Membrane Reactor, WGSMR) unter zusätzlicher Energieausbeute nachoxidiert werden. Die im WGSMR enthaltene H_2-Membran sorgt dafür, dass auch hier CO_2 in konzentrierter Form anfällt.

Die Energieausbeute dieses Systems kann insgesamt mehr als 60 % betragen. Verglichen mit konventionellen Systemen spart man beim Energieaufwand zur CO_2-Abtrennung (einschließlich Kompression) etwa die Hälfte ein (Jansen/Dijkstra 2003). Der Entwicklungsstand dieser Technologie ist derzeit auf dem Niveau von Konzeptstudien. Ein Kraftwerkseinsatz wird nicht vor 2030 erwartet (WI/DLR/ZSW/PIK 2007, S. 58).

ZECA-PROZESS

Beim ZECA-Prozess (benannt nach der »Zero Emission Coal Alliance«, bzw. deren Nachfolger »ZECA Corporation«) wird Kohle vergast (zu CH_4 und H_2) und diesem Zwischenprodukt der Kohlenstoff mittels Kalzinierung (in einem $CaO/CaCO_3$-Zyklus) entzogen. Als Resultat entstehen Wasserstoff und CO_2 in getrennten Strömen. Der Wasserstoff kann dann z. B. in einer Hochtemperatur-Brennstoffzelle verstromt werden. Bei diesem Prozess sind noch viele technische Fragen ungeklärt. Beim Einsatz von heutigen Technologien kommt man bei diesem Konzept auf einen Wirkungsgrad von »nur« 39 % (WI/DLR/ZSW/PIK 2007, S. 59). Der theoretisch erreichbare Wirkungsgrad bei der Umwandlung von Kohle in Elektrizität in der Größenordnung von 70 % rechtfertigt weitere Forschung (Ziock et al. o. J.).

CHEMICAL LOOPING COMBUSTION

Bei diesem Prozess wird zur Oxidation des kohlenstoffhaltigen Brennstoffs nicht direkt Sauerstoff, sondern ein Metalloxid (MeO) verwendet (z. B. Fe, Cu, Ni, Co). Dabei entstehen CO_2 und das Metall (Me). Letzteres reagiert in einem zweiten Schritt mit Luft wieder zu MeO und komplettiert damit den Me-MeO-Zyklus. Der Grundgedanke dabei ist, die beiden Teilreaktionen bei der Verbrennung (Oxidation des Brennstoffs und Reduktion des Sauerstoffs) räumlich voneinander zu trennen, um damit eine Trennung der Verbrennungsprodukte (v. a. CO_2 und Wasser) von dem Rest der Rauchgase (z. B. N_2 und Restsauerstoff) zu erreichen (IPCC 2005, S. 129). Im Mittelpunkt der Forschungsbemühungen steht hier die Entwicklung eines Sauerstoffträgers, der dem ständigen Zyklus Oxidation-Reduktion standhält und resistent gegen physikalische und chemische Degradation ist (WI/DLR/ZSW/PIK 2007, S. 60 f.). Bislang gibt es 100 Stunden Betriebserfahrung mit einer ersten Technikumanlage mit 10-kW-Leistung (Lyngfelt/Thunman 2005).

TRANSPORT   2.

Da die Abscheidung des CO_2 und dessen Lagerung meist örtlich getrennt sein werden, ist der Transport ein wichtiges Element der Technologiekette. Prinzipiell kann CO_2 in Pipelines, Schiffen, per Bahn oder per Lastwagen transportiert werden. Für die in Kraftwerken anfallenden großen Mengen – in einem Kohlekraftwerk mit 1.000 MWe entstehen etwa 5 Mio. t CO_2/Jahr – scheiden Bahn und LKW jedoch wegen zu geringer Kapazität und prohibitiv hoher Kosten aus (Abb. 6).

ABB. 6   TRANSPORTKAPAZITÄT UND KOSTEN

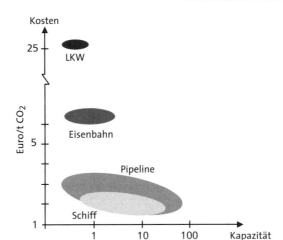

angenommene Transportentfernung: 250 km

Quelle: FhG-ISI/BGR 2006, S. 63, Daten aus Odenberger/Svensson 2003

Für den Transport muss das CO_2 nach der Abscheidung erst noch verdichtet werden. Für den Schiffstransport ist der flüssige Zustand (z. B. -48 °C, 7 bar) am besten geeignet, für Pipelines bietet sich der überkritische Zustand[4] an (FhG-ISI/BGR 2006, S. 63 ff.). Durch den Energieverbrauch hierfür sinkt der Wirkungs-grad des Gesamtprozesses um 2 bis 2,7 %-Punkte bei Gas- und 3 bis 4 %-Punkte bei Kohlekraftwerken (Göttlicher 2003)[5].

Der Transport von CO_2 in *Pipelines* unterscheidet sich im Grunde nicht wesent-lich vom Pipelinetransport von Erdöl, Erdgas und flüssigen Gefahrenstoffen, der weltweit sehr verbreitet ist. Der größte Unterschied bei CO_2-Pipelines ist, dass bei der Materialauswahl auf eine hohe Korrosionsbeständigkeit geachtet werden muss. In den USA existieren bereits über 2.500 km Pipelines, in denen mehr als 40 Mio. t CO_2/Jahr vor allem zu Zwecken des »Enhanced Oil Recovery (EOR)« (s. u.) transportiert werden.

Der CO_2-Transport per *Schiff* findet derzeit nur in kleinem Umfang statt, die Technik unterscheidet sich aber nicht wesentlich vom konventionellen Transport

---

4   Als »überkritisch« wird ein spezieller Aggregatzustand bezeichnet, bei dem sich flüssige und gasförmige Phase nicht unterscheiden lassen. CO_2 ist oberhalb 31 °C und 73 bar überkritisch. Seine Dichte ist dann in etwa im Bereich von flüssigem Wasser.
5   In der Literatur wird der Aufwand für die Verdichtung meist dem Kraftwerk zugeschla-gen und nicht dem Transportsystem.

von Flüssiggas (Liquefied Petroleum Gas, LPG) (IPCC 2005, S. 30). Der Transport per Schiff ist vor allem für große Entfernungen (über 1.000 km) und für nicht allzu große Mengen geeignet.

UMWELTASPEKTE/RISIKEN

Ein relevanter Umweltaspekt in Bezug auf den Pipelinetransport ist das Risiko von Leckagen. CO_2 ist zwar nicht toxisch, kann aber ab Konzentrationen von 10 Vol.-% zum Erstickungstod führen. Da CO_2 schwerer ist als Luft, könnte es sich z. B. in Geländesenken sammeln und so eine Gefahr für Lebewesen darstellen. Von Genehmigungsbehörden in den USA wurde jedoch das Gesamtrisiko als gering bewertet (Einstufung: »High Volatile/Low Hazard and Low Risk«) (FhG-ISI/BGR 2006, S. 68). Sicherheitsaspekte und öffentliche Akzeptanz sind vor allem beim Pipelinetransport durch dicht besiedelte Gebiete zu beachten. Weiterhin sind Umweltauswirkungen des Pipelinebaus selbst zu berücksichtigen, besonders wenn diese durch ökologisch sensible Gebiete führen (UCS o.J., S. 9).

INFRASTRUKTUR

Für eine Nutzung von CCS in großem Maßstab müsste in den nächsten Jahrzehnten eine umfangreiche Infrastruktur für den CO_2-Transport aufgebaut werden. Vermutlich würden sich bei zunehmender Marktdurchdringung die anfänglichen 1:1-Beziehungen zwischen Kraftwerken und CO_2-Lagerstätten sukzessive auflösen und es zu einer zunehmenden Vernetzung kommen (VGB 2004, S. 105).

Die geografische Lage von Quellen und Reservoiren hat nicht nur Relevanz für die Planung der Transportinfrastruktur, sondern könnte (neben der Brennstoffversorgung, dem Zugang zu Kühlwasser und zum Elektrizitätsnetz) bei der Standortentscheidung beim Neubau von Kraftwerken und Industrieanlagen als zusätzlicher Faktor in Erscheinung treten (Duckat et al. 2004, S. 17).

FORSCHUNGSBEDARF

Trotz der wichtigen Funktion als Bindeglied zwischen Abscheidung und Lagerung findet der Transport von CO_2 in der Forschung bisher wenig Beachtung (FhG-ISI/BGR 2006, S. 63) und wird – wenn überhaupt – unter dem Kostenaspekt diskutiert. Wichtige zu untersuchende Fragestellungen wären z. B. die zeitliche und geografische Abstimmung des Aufbaus einer Transportinfrastruktur mit Abscheidungsanlagen und Ablagerungsstätten, Akzeptanzfragen beim Transport durch dicht besiedelte Gebiete und länder- bzw. regionsspezifische Voraussetzungen bzw. Barrieren für den Aufbau einer Transportinfrastruktur. Von wenigen Ausnahmen abgesehen stehen technische Weiterentwicklungen dagegen nicht im Mittelpunkt. Eine solche Ausnahme wäre z. B. die Frage, welche technischen Anforderungen an die Transportinfrastruktur zu stellen sind, wenn das CO_2 chemisch verunreinigt ist.

CO$_2$-LAGERUNG   3.

GEOLOGISCHE LAGERUNG – MECHANISMEN UND OPTIONEN   3.1

Ziel der geologischen Lagerung ist es, das CO_2 möglichst langfristig unter Tage zu halten und damit von der Atmosphäre zu isolieren. Hierfür wird eine Reihe geologischer, (geo)physikalischer und (geo)chemischer Mechanismen ausgenutzt.

ABB. 7   BEITRAG DER SPEICHERMECHANISMEN IM ZEITVERLAUF

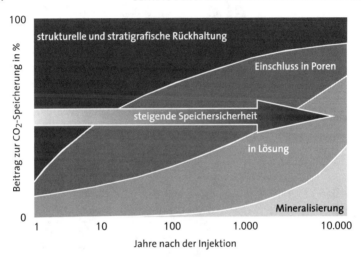

Quelle: IPCC 2005, S. 208 (Original in Englisch; übersetzt durch TAB)

Zunächst sollte oberhalb der Speicherformation ein Deckgestein (bzw. eine Schichtfolge) liegen, das möglichst CO_2-dicht ist (»strukturelle und stratigrafische[6] Rückhaltung« in Abb. 7). Dann kann CO_2 durch Adsorption und Kapillarkräfte in den feinen Poren des Gesteins festgehalten werden. Ferner wird sich CO_2 in gewissem Maße im Formationswasser lösen und sich schließlich (auf einer Zeitskala von mehreren tausend Jahren) in feste Mineralien umwandeln (IPCC 2005 S. 208 ff.). CO_2, das nur unter einem Deckgestein festgehalten wird, ist potenziell mobil und könnte (z.B. entlang von Störungen in der Deckschicht) wieder entweichen, wohingegen die Permanenz der Speicherung bei den anderen Mechanismen sukzessive immer größer wird[7] (Abb. 7). Formationen, die zur geologischen CO_2-Lagerung geeignet sein könnten, sind vor allem (Abb. 8):

---

6   Auf der Schichtfolge beruhend.
7   So hat z. B. CO_2-gesättigtes Wasser ein höheres spezifisches Gewicht als reines Wasser und hätte daher die Tendenz, im Reservoir nach unten zu sinken.

ABB. 8   OPTIONEN DER GEOLOGISCHEN LAGERUNG VON CO_2

produziertes Öl oder Gas

injiziertes CO_2

gespeichertes CO_2

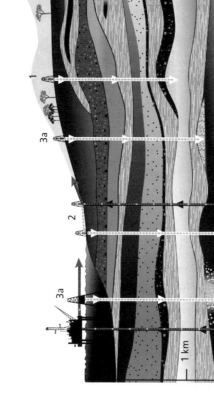

1 entleerte Öl- und
   Gasfelder

2 Nutzung von CO_2 in
   Enhanced Oil and Gas
   Recovery (EOR, EGR)

3 tiefe saline Aquifere
   (a: offshore, b: an Land)

4 Nutzung von CO_2 zur
   Steigerung der Flözgas-
   ausbeute (Enhanced
   Coal Bed Methane
   Recovery, ECBM)

Quelle: IPCC 2005, S. 32, nach der Vorlage in CO2CRC 2005

1. entleerte Öl- und Gasfelder,
2. noch nicht ausgeförderte Öl- bzw. Gasfelder (Injektion von CO$_2$ zur Erhöhung der Erdöl- bzw. Erdgasproduktion – Enhanced Oil Recovery, EOR; Enhanced Gas Recovery, EGR),
3. saline Aquifere (Sedimentgesteine deren Poren mit stark salzhaltigem Wasser gefüllt sind),
4. nichtabbaubare Kohleflöze (evtl. verbunden mit der Steigerung der Flözgasausbeute – Enhanced Coal Bed Methane Recovery, ECBM).

Da es sinnvoll ist, den Porenraum der Reservoirs möglichst effizient zu nutzen, sollte das injizierte CO$_2$ eine hohe Dichte besitzen. Der dafür geeignete überkritische Zustand ist ab einer Mindesttiefe von ca. 800 bis 1.000 m stabil (IPCC 2005, S. 197 f.). In diesem Tiefenbereich liegen die aussichtsreichsten Lagerstätten. In noch größeren Tiefen nimmt tendenziell die Porosität der Gesteine ab und der Aufwand für die bohrtechnische Erschließung steigt stark an.

Ob CO$_2$ in geologischen Formationen langfristig sicher gelagert werden kann, kann letztlich nur durch groß angelegte Feldversuche und deren Auswertung geklärt werden. Die für Lagerstätten in Betracht kommenden Optionen besitzen die folgenden spezifischen Merkmale:

ENTLEERTE ÖL- UND GASFELDER   3.1.1

Öl- und Gasreservoire haben den Vorteil, dass ihre dauerhafte Dichtigkeit über einen Zeitraum von Jahrmillionen nachgewiesen ist. Durch die Exploration und Ausbeutung der Lagerstätten sind Struktur und Zusammensetzung der Speicher- und Abdichtformationen relativ genau bekannt. Die vorhandene Infrastruktur für die Extraktion und den Transport von Flüssigkeiten und Gasen könnte zumindest teilweise für den Transport und die Lagerung von CO$_2$ nutzbar sein.

Das größte Problem für die Speichersicherheit ist die Existenz vieler alter Bohrlöcher in den Öl- bzw. Gasfeldern (Ide et al. 2006). Das Auffinden und insbesondere das Abdichten aller Bohrungen ist aufwendig (FhG-ISI/BGR 2006, S. 105). Des Weiteren könnte die Speichersicherheit durch Veränderungen (z. B. Absinken) des Deckgesteins aufgrund der Öl- bzw. Gasextraktion oder durch chemische Reaktionen des CO$_2$ mit dem Gestein (CO$_2$ bildet zusammen mit Wasser Kohlensäure, die bestimmte Gesteine auflösen kann) gefährdet sein (Christensen/Holloway 2004, S. 8 f.).

In Deutschland befinden sich einige Erdgasfelder in der Endphase der Produktion. Somit wären in den nächsten Jahren potenzielle Felder zur Speicherung von CO$_2$ (möglicherweise in Verbindung mit einer erhöhten Gasförderung, s. u.) verfügbar. Ölfelder bieten in Deutschland nur ein sehr geringes Speichervolumen und sind daher weniger interessant (FhG-ISI/BGR 2006, S. 118).[8]

---

8   EOR könnte allerdings eine Rolle für die frühzeitige Anwendung und Erprobung von CCS z. B. in Demonstrationsprojekten spielen.

EOR, EGR   3.1.2

Die Injektion von CO_2 in Erdöllagerstätten mit dem Ziel, die Ausbeute von Öl-feldern zu erhöhen (Enhanced Oil Recovery, EOR), ist eine etablierte Techno-logie. Bei EOR wird CO_2 in ein Ölfeld verpresst, verdrängt das im Reservoir vorhandene Öl und verringert dessen Viskosität, wodurch der Fluss zu den För-derbohrungen gesteigert wird. Obwohl die ursprüngliche Zielsetzung von EOR eher darauf ausgelegt ist, möglichst viel vom eingesetzten Betriebsstoff CO_2 wie-der zurückzugewinnen, können die hier gewonnenen Erfahrungen für die dauer-hafte Lagerung von CO_2 übertragen werden.

Ein großer Vorteil dieses Verfahrens ist, dass durch die zusätzliche Produktion von Erdöl Einkünfte generiert werden, die die Kosten der Speicherung reduzieren. Das derzeit größte Projekt zu EOR befindet sich in Weyburn/Kanada (seit 2000). Dort wird CO_2, das in einer Anlage in North Dakota/USA anfällt, die aus Braunkohle synthetische Kraftstoffe herstellt, via einer 320 km langen Pipeline in ein Ölfeld gepresst, um dessen Produktivität zu verbessern und gleichzeitig CO_2 abzulagern. Enhanced Gas Recovery (EGR) zur Produktionssteigerung von Erdgaslagerstätten wird derzeit erst in kleinem Maßstab in einigen Pilotprojekten erprobt.

SALINE AQUIFERE   3.1.3

Saline Aquifere sind hochporöse mit stark salzhaltiger Lösung gesättigte Sedi-mente. Der Porenraum kann zur CO_2-Aufnahme genutzt werden, dabei wird ein Teil des Formationswassers verdrängt. Optimal für die CO_2-Lagerung sind kuppel-artige Strukturen, die die seitliche (laterale) Ausdehnung des CO_2 begrenzen. Aber auch Formationen ohne diese Eigenschaft könnten geeignet sein, wenn sie genügend mächtig sind. Für eine Tauglichkeit als CO_2-Lagerstätte muss ausge-schlossen werden, dass das CO_2 entlang von Klüften, Bruchzonen o. Ä. im Deck-gestein entweichen kann und dass das Formationswasser in Kontakt mit oberflä-chennahem Grundwasser steht.

Saline Aquifere bieten weltweit das mengenmäßig größte Potenzial zur CO_2-Lagerung, allerdings sind ihre geologischen und geochemischen Eigenschaften bei Weitem nicht so gut untersucht wie die von Öl- und Gaslagerstätten. Das heißt, dass vor der CO_2-Injektion aufwendige und kostspielige Untersuchungen ange-stellt werden müssen, um die Eignung der jeweiligen Formation sicherzustellen.

Das Sleipner-Projekt in der Nordsee vor Norwegen ist das derzeit größte CCS-Projekt in einem salinen Aquifer. Dort wird seit 1996 bei der Erdgasaufbereitung anfallendes CO_2 (etwa 1 Mio. t/Jahr) von einer Offshoreplattform aus in eine ca. 800 m tiefe Formation eingeleitet. In Deutschland wird derzeit die Machbar-keit des Verfahrens in einem Pilotversuch bei Potsdam (CO_2Sink) untersucht (www.co2sink.org).

ABB. 9   DAS SLEIPNER-PROJEKT

Quelle: Chadwick et al. 2007

NICHTABBAUBARE KOHLEFLÖZE, ECBM 3.1.4

Auch Kohle in nichtabbaubaren Flözen weist eine Porenstruktur auf, die sich zur CO$_2$-Speicherung eignen könnte. Dabei wird adsorbiertes Methan (»Grubengas«) verdrängt, welches nach oben gebracht und genutzt werden könnte (Enhanced Coal Bed Methane Recovery, ECBM). Dies wäre ein beachtlicher wirtschaftlicher Vorteil bei der Nutzung dieses Verfahrens. Ein weiterer Vorteil wäre, dass sich in der Nähe von Kohlelagerstätten oft Kraftwerksstandorte befinden und so die Möglichkeit besteht, den Transportweg des CO$_2$ zu minimieren.

Ein Problem des Verfahrens ist, dass Kohle im Kontakt mit CO$_2$ die Tendenz hat aufzuquellen und es damit immer schwerer wird, CO$_2$ zu injizieren. Strategien zur Lösung dieses Problems umfassen u. a. die Auswahl von Formationen mit sehr hoher Ausgangspermeabilität und geologische Stimulationsverfahren.

Derzeit gibt es weltweit eine kleine Anzahl Feldversuche und Pilotprojekte, z. B. im oberschlesischen Becken in Polen (TNO 2006) und in San Juan/New Mexico (NETL 2007, S. 59).

Wegen der Lage und Eigenschaften der Kohleflöze in Deutschland wird ECMB hier wohl mittelfristig nicht zur Verfügung stehen (FhG-ISI/BGR 2006, S. 102).

WEITERE LAGERUNGSOPTIONEN 3.2

Gelegentlich werden neben den oben beschriebenen Optionen noch weitere Möglichkeiten genannt, CO$_2$ von der Atmosphäre fernzuhalten. All diesen ist gemeinsam, dass sie derzeit – zumindest in Deutschland – nicht ernsthaft ins Auge gefasst werden. Die Gründe hierfür sind vor allem (s. a. UBA 2006a, S. 77 ff.):

OZEANSPEICHERUNG

Die Speicherung in der Wassersäule der Ozeane ist mit erheblichen Umweltauswirkungen und Risiken verbunden, die derzeit noch kaum erforscht sind. Eine CO_2-Injektion in den Ozean würde den pH-Wert des Wassers absenken (das Wasser wird saurer) und die Ozeanchemie rund um die Injektionsstelle spürbar verändern. Die Dauereffekte auf Organismen und Ökosysteme sind bislang noch weitgehend unklar (IPCC 2005, S. 37 ff.). Daher klammert die internationale politische Diskussion Ozeanspeicherung (noch) völlig aus. Nichtsdestoweniger gibt es sehr aktive Forschungsanstrengungen auf diesem Gebiet insbesondere in den USA, Japan und Norwegen (FhG-ISI/BGR 2006, S. 83 ff.; IEA GHG 2002).

KÜNSTLICHE MINERALISIERUNG

Bei diesem Verfahren soll CO_2 mit einem Ausgangsgestein (meist Silikate) zu Karbonaten reagieren und dadurch gebunden werden. Dies imitiert einen natürlichen Vorgang der Gesteinsverwitterung. Die Herausforderung besteht darin, den in der Natur nur äußerst langsam (je nach Mineral viele Tausende von Jahren) verlaufenden Prozess so zu beschleunigen, dass er technisch handhabbar wird (Herzog 2002).

Die großen Mengen Ausgangsgestein – 5 t und mehr je t CO_2 (FhG-ISI/BGR 2006, S. 90 f.) –, die abgebaut, aufbereitet und transportiert werden müssten, der hohe Energiebedarf des Verfahrens sowie die ebenfalls großen Mengen an erzeugten Karbonaten, die entsorgt werden müssten – mit den jeweils entsprechenden negativen Umweltauswirkungen – limitieren dieses Verfahren in der Praxis erheblich (IPCC 2005, S. 324 ff.).

INDUSTRIELLE NUTZUNG DES CO_2

Auch wenn einige Möglichkeiten für die industrielle Nutzung von CO_2 bestehen (Herstellung von Harnstoff, CO_2 als Lösemittel etc.) (OECD/IEA 2003), ist zu beachten, dass bei vielen dieser Nutzungsformen das CO_2 so eingesetzt wird, dass es nach der Verwendung zeitlich verzögert wieder in die Atmosphäre gelangt. Ein langfristiger Klimaschutzeffekt tritt auf diese Weise nicht ein. Berücksichtigt man nur Prozesse, bei denen CO_2 langfristig gebunden bleibt, so ist das theoretische Potenzial dieser Option mit maximal 5 % des weltweiten CO_2-Ausstoßes gering (WD 2006, S. 15 f.).

LAGERUNG IN STILLGELEGTEN KOHLEBERGWERKEN UND SALZSTÖCKEN

Diese Optionen werden in Deutschland aufgrund von Sicherheitsaspekten bzw. Nutzungskonkurrenzen zumeist ausgeschlossen (FhG-ISI/BGR 2006, S. 92 ff.).

POTENZIALE FÜR GEOLOGISCHE CO₂-LAGERUNG   1.

CO_2-Abscheidung und -Lagerung kann nur dann einen fühlbaren Beitrag zum Klimaschutz leisten, wenn ausreichend geeignete Lagerungskapazitäten zur Verfügung stehen, um das abgeschiedene CO_2 auch aufzunehmen. Derzeit existieren für die meisten Weltregionen nur relativ pauschale Abschätzungen der potenziellen Lagerkapazitäten. Lediglich einige besonders vielversprechenden geologischen Formationen wurden bzw. werden derzeit detailliert untersucht. Die Darstellung orientiert sich an dem vom TAB in Auftrag gegebenen Gutachten (Ecofys 2007).

POTENZIALABSCHÄTZUNGEN   1.1

Schätzungen von globalen Lagerungspotenzialen weisen eine große Bandbreite auf und sind mit erheblichen Unsicherheiten verbunden. Sowohl die angegebene Spanne innerhalb einzelner Schätzungen als auch die Differenz zwischen verschiedenen Veröffentlichungen liegen teilweise im Bereich eines Faktors 100 (Abb. 10).

ABB. 10   PUBLIZIERTE SCHÄTZUNGEN DER LAGERKAPAZITÄT

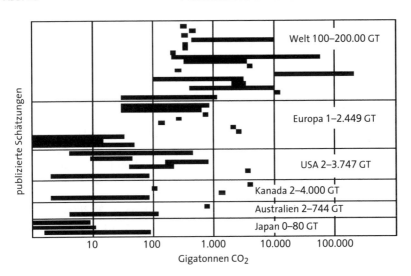

Quelle: MIT 2007a, S. 46

Für eine verlässliche Einschätzung der Relevanz von CCS für den Klimaschutz sind die derzeit verfügbaren Potenzialschätzungen daher bei Weitem zu ungenau (MIT 2007a, S. 46).

Die Unsicherheiten sind bei den verschiedenen Lagerungsoptionen sehr unterschiedlich, wie in Tabelle 1 gezeigt: Relativ genau sind die Kapazitäten von Öl- und Gasreservoiren zu beziffern (aufgrund der umfassenden Datenerhebung im Zuge der Öl- und Gasförderung). Aquifere besitzen weltweit – auch in Deutschland – die größten Lagerungskapazitäten. Allerdings ist die Verlässlichkeit der Daten hier auch besonders gering. Bei Kohleflözen, die insgesamt die kleinste Kapazität aufweisen, existieren ebenfalls erhebliche Unsicherheiten.

Für Deutschland sind als Optionen für die Lagerung des abgeschiedenen CO_2 hauptsächlich entleerte Gaslagerstätten sowie Aquifere relevant. Zur Veranschaulichung der Größenordnung der angegebenen Lagerungskapazitäten: Sie betragen in Deutschland etwa das 40- bis 130-Fache der jährlichen CO_2-Emissionen des deutschen Kraftwerkparks (350 Mio. t im Bezugsjahr 2002) (UBA 2006a, S. 35).

TAB. 1   SCHÄTZUNGEN VON CO_2-LAGERUNGSKAPAZITÄTEN

Lagerungsoption	Kapazität (in Mrd. t CO_2)		
	global	Europa	Deutschland
erschöpfte Gasfelder	675–900	31–163	3
erschöpfte Ölfelder/EOR		4–65	0,1
Aquifere	1.000–10.000	1–47	12–28
nichterschließbare Kohleflöze/ECBM	3–200	0–10	0,4–1,7
Quelle	IPCC 2005	Hendriks et al. 2004	Christensen et al. 2004

Quelle: Ecofys 2007, S. 12

Der Großteil möglicher Lagerungskapazitäten in Aquiferen befindet sich in Norddeutschland. Sie erstrecken sich vor allem in weiten Teilen des Norddeutschen Beckens und ziehen sich im Osten bis nach Polen und im Nordwesten bis nach England. Weitere potenziell geeignete Aquifere kommen im süddeutschen Molassebecken, im Oberrheingraben, in der Münsterländer Bucht, in Teilen der Niederrheinischen Bucht und im Thüringer Becken vor (FhG-ISI/BGR 2006, S. 121). In einer kurz- bis mittelfristigen Perspektive bieten entleerte Gasfelder in Deutschland wohl die aussichtsreichste Option, da man in vielen Fällen auf vorhandene Infrastruktur aus der Gasförderung zurückgreifen kann und die geologischen Merkmale der Reservoire schon weitestgehend bekannt sind. Auch diese befinden sich zum größten Teil in Norddeutschland (Abb. 11).

ABB. 11   LAGE VON ERDGAS- BZW. ERDÖLLAGERSTÄTTEN
                               UND CO_2-QUELLEN IN DEUTSCHLAND

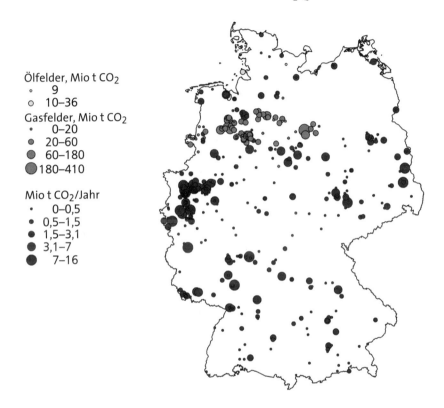

Ölfelder, Mio t CO_2
  ○ 9
  ◎ 10–36
Gasfelder, Mio t CO_2
  • 0–20
  ◉ 20–60
  ⬤ 60–180
  ⬤ 180–410

Mio t CO_2/Jahr
  • 0–0,5
  • 0,5–1,5
  ⬤ 1,5–3,1
  ⬤ 3,1–7
  ⬤ 7–16

Quelle: eigene Darstellung mit Daten aus FhG-ISI/BGR 2006

Da CCS-Projekte auch grenzüberschreitend sein können, sollten die europäischen Lagerungspotenziale ebenfalls betrachtet werden. Auch hier befinden sich die größten Kapazitäten in erschöpften Gasfeldern und Aquiferen. Der Hauptteil der Reservoire liegt im Norden Europas (Hendriks et al. 2003b).

Ein riesiges Lagerungspotenzial in Form von Aquiferen existiert vor der Küste von Norwegen (z. B. die Utsira Formation: Kapazität etwa 350 Mrd. t CO_2) (Holloway/Lindeberg 2004), und wird auch im britischen und dänischen Teil der Nordsee vermutet (Christensen/Larsen 2004, S. 13). In den Niederlanden und Belgien kommen vor allem entleerte Gasfelder und evtl. auch Kohlelagerstätten in Betracht.

RESTRIKTIONEN, NUTZUNGSKONKURRENZEN   1.2

Ob das oben beschriebene Potenzial für die CO_2-Lagerung wirtschaftlich erschließbar ist und tatsächlich genutzt werden kann, hängt von einer Reihe geologischer Details, ökonomischer, rechtlicher und politischer Rahmenbedingungen sowie der gesellschaftlichen Akzeptanz ab. Es ist zu erwarten, dass die wirklich nutzbaren Kapazitäten wesentlich geringer ausfallen werden, als in den Schätzungen des theoretischen Potenzials dargestellt.

GEOLOGISCHE RESTRIKTIONEN

Bei einem Aquifer lässt sich zwar aus der Abschätzung der Porosität (Durchlässigkeit) des Gesteins und der Ausdehnung und Mächtigkeit der Formation berechnen, welche CO_2-Menge theoretisch speicherbar wäre. Für eine genauere Bestimmung der Kapazität und der Eignung zur dauerhaften Lagerung von CO_2 sind jedoch individuelle Untersuchungen einzelner Aquifere notwendig (Hendriks et al. 2003a).[9] Neben der Dichtheit des Deckgesteins – es sollte möglichst frei von Störungszonen sein – und der erforderlichen hohen Porosität der Speicherformation sind auch geochemische Eigenschaften der Speicherformation und des Deckgesteins von enormer Bedeutung, um unerwünschte Reaktionen des CO_2 mit den vorliegenden Mineralien ausschließen zu können. Für diese detaillierten Untersuchungen müssen in der Regel Erkundungsbohrungen niedergebracht werden, die aufwendig und kostspielig sein können.

ÖKONOMISCHE RESTRIKTIONEN

Da CO_2-Quellen (d.h. Kraftwerke mit CO_2-Abscheidung) und -Speicher parallel und aufeinander abgestimmt verfügbar sein müssten, bestehen zeitliche bzw. regionale Restriktionen, die die Standortwahl und damit die Erschließung der Speicherpotenziale erschweren. Die Lagerungsstätten sollten möglichst nahe an den Quellen der CO_2-Emissionen liegen, damit die Transportkosten begrenzt werden können. Jede mögliche Speicherstruktur muss hinreichend groß sein, damit sich ihre Erschließung lohnt. So könnte im ungünstigsten Fall ein großes Gesamtpotenzial aus sehr vielen sehr kleinen Speicherstrukturen bestehen und wäre damit für eine ökonomische Nutzung uninteressant.

---

9   Ein Beispiel geben Holloway/Lindeberg (2004) für die Utsira Formation: Das gesamte Porenvolumen wird mit 600 Mrd. m³ angegeben. In einer für die CO_2-Speicherung geeigneten Tiefe von > 700 m sind es 470 Mrd. m³. Verlangt man die Speicherung in Fallenstrukturen, so sinkt die Kapazität auf 3,98 Mrd. m³, von denen 1,48 Mrd. m³ als »zugänglich« bezeichnet werden; das sind nur etwa 3 ‰ der Gesamtkapazität.

RECHTLICHE RESTRIKTIONEN

Damit die zitierten Potenziale erschlossen werden können, muss zunächst ein rechtlicher Rahmen geschaffen werden, der die Ablagerung von CO_2 in geologische Formationen überhaupt gestattet. Abhängig von diesen Regelungen, kann das zur Verfügung stehende Potenzial mehr oder weniger stark eingeschränkt sein.

NUTZUNGSKONKURRENZEN

Das Formationswasser von Aquiferen ist wegen des hohen Salzgehaltes für menschliche Nutzung als Trinkwasser oder zur Bewässerung nicht geeignet. Allerdings besitzen die für CO_2-Lagerung prädestinierten geologischen Formationen Eigenschaften, die sie auch für andere Nutzungsformen attraktiv machen. Das sind vor allem die Zwischenspeicherung von Erdgas sowie die tiefe Geothermie. Hier bestehen potenzielle Nutzungskonflikte.

Mit dem gegenwärtig in Deutschland zunehmenden Verbrauch an Erdgas steigt auch der Bedarf an Erdgasspeichern, um saisonale Schwankungen der Nachfrage ausgleichen zu können. Es könnte daher regional – beispielsweise im Einzugsbereich der geplanten Ostseepipeline von Russland nach Deutschland – zu Nutzungskonflikten kommen.

Aquifere in einer Tiefe von etwa 1.000 m und mehr führen Heißwasser mit Temperaturen über 100 °C, das für eine energetische Nutzung (Wärme und Strom) in Betracht kommt (TAB 2003). In welchem Ausmaß hier ein Nutzungskonflikt CCS/Geothermie zu erwarten ist, ist allerdings zurzeit noch unklar, da sowohl der zukünftige Ausbau der Geothermienutzung als auch die Dynamik bei CCS nicht verlässlich prognostiziert werden können.

Diesem potenziellen Konflikt wurde in der Literatur bisher kaum Beachtung geschenkt. Die wenigen vorhandenen Veröffentlichungen kommen zu sich widersprechenden Ergebnissen. So werden in Kühn/Clauser (2006) mögliche Synergien der geothermischen Energiegewinnung mit der mineralischen Fixierung von CO_2 diskutiert, wohingegen Christensen/Holloway (2004, S. 11) zu dem Schluss kommen, dass der weitaus größte Teil des injizierten CO_2 wieder an die Oberfläche gefördert und gleichzeitig wegen des aggressiven CO_2-Wasser-Gemisches die Integrität der Bohrungen riskiert werden. Einige Experten sind der Ansicht, dass der Nutzungskonflikt durch eine räumliche Entzerrung zu entschärfen ist. CO_2-Sequestrierung würde demnach in kuppelartig aufgewölbten Sedimentstrukturen betrieben, Geothermienutzung in strukturellen Tälern (AUNR 2007). Huenges (2007) weist dagegen darauf hin, dass eine Beschränkung des Nutzungsbereichs von CCS auf Kuppeln aus physikalischen Gründen nicht gewährleistet werden kann.

FORSCHUNGSBEDARF 1.3

Es besteht ein erheblicher Forschungsbedarf, um die Schätzungen von Lagerungspotenzialen – besonders in Aquiferen – verlässlicher zu gestalten (FhG-ISI/BGR
2006, S. 130). Zur Gewinnung von genaueren Daten sind detaillierte Untersuchungen an individuellen Formationen unabdingbar. Ansätze hierzu gibt es derzeit in einigen Forschungsprojekten (z. B. im Projekt GESTCO). Diese Bemühungen
müssten aber noch deutlich intensiviert werden.

Im Bereich der möglichen Nutzungskonkurrenzen besteht ein dringender Forschungsbedarf, der – möglichst bevor vollendete Tatsachen geschaffen worden
sind – angegangen werden sollte. Hierzu gehört auch die Frage, wie Nutzungskonflikte aufzulösen wären (z. B. Vorrangregelungen).

RISIKEN, UMWELTAUSWIRKUNGEN 2.

Entlang der gesamten CCS-Prozesskette besteht die Möglichkeit, dass CO_2 entweicht. Generell sollte zwischen lokalen Umweltrisiken und den Risiken für das
Klima unterschieden werden (Tab. 2). Lokale Risiken betreffen die Auswirkungen auf Mensch, Tier und Umwelt. In geringen Konzentrationen ist CO_2 un-
schädlich, es ist zu ca. 0,04 % in der Luft enthalten und essenziell für die pflanz-
liche Photosynthese. In höheren Konzentrationen kann es jedoch schädliche
Auswirkungen haben (WD 2006, S. 30). Da CO_2 schwerer ist als Luft, kann es
sich im Falle von Austritten am Boden, z. B. in Senken, sammeln und eine Ersti-
ckungsgefahr für Lebewesen darstellen (ab einer Konzentration von 10 Vol.-%).

TAB. 2　　　　　　　　　　　TYPISIERUNG VON RISIKEN BEI DER CO_2-SPEICHERUNG

Art des Risikos	lokales Risiko für Mensch, Tier und Umwelt	globales Risiko für das Klima
spontaner Austritt von CO_2 (»Unfall«)	kurzfristige, vorübergehende, massive Einwirkung, im schlimmsten Fall lebensbedrohlich	Freisetzung der abgeschiedenen CO_2-Mengen
langsame, graduelle Leckage aus dem Speicher	chronische und schleichende Bedrohung von Grundwasser, Flora und Fauna im Boden, eventuelle Gefahr für Menschen an Punktquellen	Freisetzung der abgeschiedenen CO_2-Mengen

Quelle: UBA 2006a, S. 58

Weitere potenzielle lokale Auswirkungen von CO_2-Austritten sind die Versauerung von Trinkwasservorkommen und negative Einwirkungen auf Flora und Fauna. Da bei einem schlagartigen Austritt großer Mengen CO_2 die Gefährdung im schlimmsten Fall lebensbedrohlich sein könnte, sollte dieses Szenario so weit wie irgend möglich ausgeschlossen werden können. Es spricht hier z. B. einiges dafür, auf eine CO_2-Lagerung in Erdbebengebieten zu verzichten (UBA 2006a, S. 58).

Bei der zweiten Risikokategorie »Klima« ist es von geringerer Bedeutung, ob die Leckage schlagartig oder graduell erfolgt, entscheidend ist vielmehr die Menge CO_2, die klimawirksam an die Atmosphäre abgegeben wird. Bereits geringe Leckageraten könnten die Erreichung zukünftiger Klimaziele gefährden.

SPEICHERSICHERHEIT

Im Allgemeinen wird das Risiko der technischen Anlagen als klein (Pipelines), bzw. mit den üblichen technischen Maßnahmen und Kontrollen handhabbar (Kompressorstationen, Anlagen zur CO_2-Abscheidung und Injektion) eingeschätzt (Vendrig et al. 2003). Daher konzentrieren sich die meisten Studien, die sich mit den Risiken der CCS-Technologie beschäftigen, auf die Auswirkungen eines Austritts von CO_2 aus den geologischen Speicherformationen.

In einer Gesamteinschätzung zur Sicherheit geologischer Speicherformationen hat das Intergovernmental Panel on Climate Change (IPCC) folgendes Statement abgegeben: »Observations from engineered and natural analogues as well as models suggest that the fraction retained in appropriately selected and managed geological reservoirs is very likely to exceed 99 % over 100 years and is likely to exceed 99 % over 1.000 years[10].« (IPCC 2005, S. 14)

Welche Verweilzeit im geologischen Reservoir für das CO_2 mindestens gefordert werden muss, damit CCS einen positiven Beitrag zur Minderung von Treibhausgasen in der Atmosphäre erbringen kann, ist umstritten. Diskutiert werden meist Zeiträume von 1.000 bis 10.000 Jahren, d.h. eine maximale Leckage von 0,1 % bzw. 0,01 % der injizierten Menge jährlich. In Deutschland plädieren sowohl das Umweltbundesamt (UBA 2006a, S. 68) als auch der Wissenschaftliche Beirat der Bundesregierung Globale Umweltveränderungen (WBGU 2006, S. 82) für eine Rückhaltezeit von mindestens 10.000 Jahren. Der WBGU weist darüber hinaus darauf hin, dass die zur Einhaltung des 2 °C-Ziels maximal noch erlaubten CO_2-Emissionen schon bei einer Leckagerate von 0,1 % langfristig *vollständig* durch Emissionen aus geologischen Speichern verursacht werden könnten.

---

10 »Very likely« bezeichnet dabei eine Wahrscheinlichkeit von 90 bis 99 %, »likely« von 66 bis 90 %.

Die wichtigsten Prozesse, die die Sicherheit und Dauerhaftigkeit der CO_2-Lagerung beeinträchtigen könnten, sind nach heutigem Kenntnisstand (Christensen/Holloway 2004; Holloway/Lindeberg 2004):

Geochemische Prozesse: Reaktionen des CO_2-Wasser-Gemisches mit dem Deckgestein oder der Speichermatrix – vor allem Auflösung von Karbonaten durch die Kohlensäure – können die geologischen Formationen schwächen (bis hin zu ihrem Kollaps) und zur Bildung von Rissen und damit zur Öffnung von Leckagepfaden führen.

Druckinduzierte Prozesse: Das CO_2 muss unter einem bestimmten Überdruck in die Formation eingepresst werden. Dieser Druck kann bestehende kleinere Risse im Deckgestein aufweiten (sog. »Hydrofracturing«, ein Verfahren, das in der Erdöl-/Erdgastechnik und der Geothermie (TAB 2003, S. 63 ff.) genutzt wird) und mikroseismische Ereignisse auslösen, die die Dichtheit des Reservoirs beeinträchtigen könnten.

Leckage durch bestehende Bohrungen: Bohrungen könnten für das injizierte CO_2 einen direkten Weg zurück an die Erdoberfläche eröffnen. Dies ist vor allem in Erdgas-/Erdöllagerstätten von Bedeutung und stellt hier das größte Leckagerisiko dar. Nicht immer sind alle aufgegebenen alten Bohrungen in einem Feld bekannt.[11] Selbst wenn diese nach den anerkannten Regeln der Technik versiegelt wurden, könnten die verwendeten Materialien (v. a. Stahl und Portlandzement) eine ungenügende CO_2- bzw. Säurebeständigkeit aufweisen (Lempp 2006).

Weitere offene Punkte: Selbst bei sorgfältiger Erkundung und verantwortlicher Auswahl von Lagerstätten könnten unentdeckte Migrationspfade im Deckgestein existieren. Außerdem wird ein Teil des Formationswassers vom eingepressten CO_2 verdrängt und muss seitlich ausweichen. Diese laterale Ausbreitung kann unter Umständen viele Quadratkilometer betragen. Die damit verbundenen Vorgänge sind derzeit noch nicht ausreichend wissenschaftlich untersucht und verstanden. Hier besteht akuter Forschungsbedarf.

Globale Aussagen zur Sicherheit bestimmter Speichertypen sind nur begrenzt sinnvoll und reichen zur konkreten Standortentscheidung einer Verpressung von CO_2 bei Weitem nicht aus. Hierfür muss jedes infragekommende Reservoir individuell auf seine spezifischen Gegebenheiten hin untersucht werden. Für die Einschätzung von Risikoprofilen geologischer Reservoire müssen daher dringend weitere Studien und Feldversuche durchgeführt werden.

---

11 Beispielsweise wurden im Alberta Becken im westlichen Kanada mehr als 350.000 Bohrungen niedergebracht (IPCC 2005, S. 244).

ÜBERWACHUNG/MONITORING

Die Speichersicherheit geologischer Reservoire ist nicht nur eine Frage ihrer geophysikalischen und -chemischen Eigenschaften, sondern auch entscheidend davon abhängig, dass durch geeignete Regulierung und kontinuierliches Monitoring ein ausreichender Kenntnisstand gewährleistet ist, um die Speicherrisiken zu minimieren (Vendrig et al. 2003, S. vi.). Monitoring soll einerseits verifizieren, dass keine Lecks im Speicher auftreten und andererseits eine Basis für Voraussagen über das zukünftige langfristige Verhalten des Speichers und seines Inhalts herstellen.

Das Thema Monitoring ist eng verknüpft mit Haftungsfragen in Bezug auf potenzielle Leckagen, mit der gesellschaftlichen Akzeptanz von CCS sowie mit Regulierungsfragen. Wenn beispielsweise CCS als Emissionsminderung im Rahmen des Kyoto-Protokolls anerkannt werden soll, so muss ein verlässliches Monitoringsystem etabliert sein, mit dem der Verbleib der abgelagerten CO_2-Mengen quantitativ und verifizierbar bilanziert werden kann.

Diverse Technologien aus der Öl- und Gasförderung können für die Überwachung des CO_2 im Untergrund angepasst und genutzt werden (Pearce et al. 2005). Weitverbreitet und relativ aussagekräftig sind v. a. seismische Methoden (Abb. 12), aber auch akustische (z. B. Sonar) und elektrische Messungen sind prinzipiell geeignet.

Diese Messverfahren sollen im Zusammenspiel mit numerischen Simulationen darüber Aufschluss geben, ob sich die Speicherformation und die Migration des CO_2 den Erwartungen entsprechend verhalten. Weniger Erfahrung existiert bei der Überwachung von Leckagen in die Atmosphäre. Möglich sind hier vor allem Infrarot-Messungen (evtl. auch als Fernüberwachung in Verbindung mit Flugzeugen oder Satelliten) sowie unter anderem grundwasser- und bodenchemische Analysen aber auch die Beobachtung von Ökosystemen (IPCC 2005, S. 234 ff.).

Trotz seiner eminenten Bedeutung ist das Thema Monitoring in der Literatur zu CO_2-Abscheidung und -Lagerung unterrepräsentiert. Zu klären ist z. B. wie lange ein Monitoring der CO_2-Speicher stattfinden muss und wer es durchführt. Ebenfalls muss definiert (und ggf. international abgestimmt) werden, welche Monitoringprozeduren im Rahmen von Genehmigungsverfahren verlangt bzw. akzeptiert werden.

Die Zeiträume geologischer Lagerung gehen weit über die Lebensdauer der meisten Institutionen hinaus, was es schwierig macht, Monitoring und Haftung für eventuelle Emissionen über einen solchen Zeitraum zu gewährleisten. Es wurde vorgeschlagen, dass die jeweiligen Regierungen das Monitoring nach Ende der aktiven Phase des Projekts übernehmen, solange alle gesetzlichen Bestimmungen während der Betriebsphase erfüllt wurden (IPCC 2005, S. 241). Ein weiterer

Vorschlag ist, das Monitoring nach dem Nachweis, dass das CO_2 sich nicht mehr weiter ausbreitet, zu beenden (Benson et al. 2004; Chow et al. 2003) oder sogar das Monitoring in der Regel nach dem Verschluss der Injektionsbohrungen (50 bis 100 Jahre nach Beginn des Projekts) einzustellen (Pearce et al. 2005).

ABB. 12   **BEISPIEL FÜR MONITORING: SLEIPNER-PROJEKT**

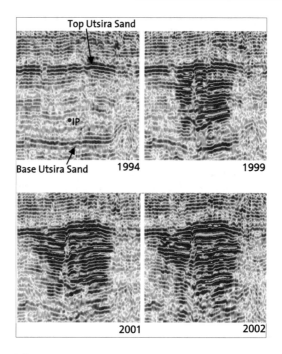

IP: Ort der CO_2-Injektion

Vertikale Querschnitte durch die sich ausbreitende CO_2-Fahne (dunkle Stellen): vor der Injektion 1994, sowie 1999, 2001 und 2002. Die Bilder wurden mittels seismischer Messungen generiert. Die Höhe der CO_2-Fahne beträgt etwa 250 m, die laterale Ausdehnung ca. 2 km (in 2002).

Quelle: www.bgs.ac.uk/science/CO2/Sleipner_figs_03.html, reproduziert mit der Erlaubnis des British Geological Survey© NERC, alle Rechte vorbehalten

Im Fall des Übergangs der Verantwortung auf Staaten bleibt offen, ob Monitoring und dessen Kontrolle langfristig gesichert werden können und wer die Kosten dafür übernimmt. Vor allem die Kostenübernahme muss vor dem Hintergrund der intergenerationellen Gerechtigkeit diskutiert werden.

VERUNREINIGUNGEN DES CO_2

Ein weiterer, oft nur oberflächlich thematisierter, Aspekt zu den Umweltauswirkungen bezieht sich auf die möglichen Unreinheiten des zu speichernden CO_2 (IPCC 2005, S. 141 f.). In aus Kraftwerks- und Industrieprozessen abgeschiedenem Gas können neben CO_2 auch Stickoxide (NO_x), Schwefelverbindungen (SO_x, H_2S), Wasserstoff (H_2), Kohlenmonoxid (CO), Methan (CH_4) sowie die natürlichen Luftbestandteile enthalten sein. Trotz ihres geringen prozentualen Anteils würden die genannten Rückstände aufgrund der großen Speichermengen in erheblichem Ausmaß zur Lagerung gelangen.

Forschungsbedarf besteht sowohl in Bezug auf Wechselwirkungen von verunreinigtem CO_2 mit der technischen Infrastruktur (Werkstoffprobleme, Korrosion etc.) als auch im Hinblick auf Probleme bei der Lagerung (Beeinträchtigung von Bohrverschlüssen, Auswirkungen auf Speichervermögen, Injektionsrate etc.). Darüber hinaus sollte verhindert werden, dass ungeplante Austritte zu schädlichen Auswirkungen auf Ökosysteme führen (UBA 2006a, S. 59).

AUSLÖSUNG VON ERDBEBEN

Eine vor allem in der Öffentlichkeit oft gestellte Frage ist, ob durch die Verpressung von CO_2 in den Untergrund Erdbeben verursacht werden können. Es ist bekannt, dass Erdbeben im Zusammenhang mit der Erdgas-/Erdölförderung, dem Kohlebergbau sowie Geothermieprojekten auftreten (Bojanowski 2007; SED 2006; Töneböhn 2007). So sind beispielsweise Mitte der 1970er Jahre in Usbekistan mehrere sehr starke Beben (Magnitude 7 auf der Richterskala) aufgetreten, die der Erdgasförderung zugeschrieben wurden. Auch in Deutschland und in Nachbarländern sind in jüngster Zeit Erdbeben in Erdgasfördergebieten registriert worden, so z.B. 2004 ein Beben der Magnitude 4,5 in Rotenburg (Lüneburger Heide) und bei Groningen (Niederlande) in den Jahren 2003 und 2006 zwei leichtere Beben (Magnitude 3 bzw. 2,4). Da diese Regionen zuvor seismisch unauffällig waren, liegt der Schluss nahe, dass die Erdgasförderung für diese Beben verantwortlich zu machen ist, obwohl eine natürliche Ursache wissenschaftlich nicht vollständig ausgeschlossen werden kann.

Die CO_2-Injektion in den Untergrund im industriellen Maßstab ist mit großen Volumenverlagerungen verbunden und führt zu Veränderungen des Drucks in den geologischen Formationen, die mit den aus der Erdgas-/Erdölförderung bekannten Prozessen vergleichbar sind. Andererseits lassen die (begrenzten) Erfahrungen mit der Injektion von Fluiden in tiefe Gesteinsformationen (z.B. EOR, Abwasser- und Gefahrstoffverklappung) vermuten, dass das seismische Risiko nicht sehr ausgeprägt ist. Durch sorgfältige Auswahl der Speicherstandorte und Vorschriften, die strikte Obergrenzen für den bei der CO_2-Injektion maximal erlaubten Druck, bzw. das erlaubte Volumen, festschreiben, könnten diese Risiken eingegrenzt werden (IPCC 2005, S. 249 f.).

Der gegenwärtige Wissensstand hierzu ist jedoch bei Weitem noch nicht ausreichend, um beispielsweise quantitative Aussagen zur CCS-induzierten Erdbebenwahrscheinlichkeit zu machen. Hier besteht akuter Forschungsbedarf.

SONSTIGE AUSWIRKUNGEN AUF DIE UMWELT

In Bezug auf Umweltauswirkungen durch CCS sind darüber hinaus auch der erhöhte Einsatz von Brennstoffen und anderen Materialien sowie die Nutzung von Transportinfrastrukturen (z. B. Nutzung und Bau von Pipelines) und deren ökologische Auswirkungen zu berücksichtigen. Erste ökobilanzielle Betrachtungen der gesamten Prozesskette sind vor Kurzem erschienen (Pehnt/Henkel 2007; WI/DLR/ZSW/PIK 2007). Hier besteht aber weiter Forschungsbedarf.

KOSTEN, WETTBEWERBSFÄHIGKEIT   3.

Die Kosten der CO_2-Abscheidung und -Lagerung setzen sich aus den Kosten der einzelnen Prozessschritte (Abscheidung, Gaskonditionierung, Transport und Lagerung) zusammen. Zusätzlich muss der durch die CO_2-Abscheidung verursachte Wirkungsgradverlust der Kraftwerke und der damit einhergehende erhöhte Verbrauch an Primärenergieträgern berücksichtigt werden. Für eine Einschätzung der Wettbewerbsfähigkeit von CCS mit anderen Optionen der Stromerzeugung sind vor allem die Stromgestehungskosten und CO_2-Vermeidungskosten relevant. Eine Fülle an Literatur beschäftigt sich mit den Kosten von CCS. Eine detaillierte Übersicht über verschiedene Kostenschätzungen bietet z. B. IPCC (2005).

CO_2-ABSCHEIDUNG   3.1

Es besteht breiter Konsens darüber, dass die Aufwendungen für die CO_2-Abscheidung den dominanten Kostenfaktor darstellen. Da die meisten Abscheidetechniken noch nicht in kommerziellem Maßstab erprobt sind, basieren diese Kostenschätzungen auf Studien zu hypothetischen Anlagen (IPCC 2005, S. 149) und sind daher mit gewissen Unsicherheiten behaftet. Hendriks et al. (2004, S. 32) beziffern diese Unsicherheit mit ±30 %.

Tabelle 3 zeigt typische Berechnungen für Kraftwerkstypen mit Pre- bzw. Post-Combustion-Technologie.[12] Die Stromgestehungskosten für IGCC-Kohlekraftwerke sowie Erdgas GuD/Post-Combustion-Anlagen erhöhen sich durch die CO_2-Abscheidung also um etwa ein Drittel, für Kohlekraftwerke mit Post-Combustion-Abscheidung um ca. 50 %. Diese Ergebnisse befinden sich in relativ guter Übereinstimmung mit den Resultaten aus zwei aktuellen Studien (Tab. 4).

---

12 Oxyfuel-Kraftwerke wurden in den zitierten Vergleichsstudien nicht betrachtet.

Lediglich für die Post-Combustion-Abscheidung bei Kohlekraftwerken wird in MIT (2007a) ein deutlich höherer Wert von 60 bis 75 % ausgewiesen.[13]

TAB. 3	KOSTEN DER CO_2-ABSCHEIDUNG BEI KRAFTWERKEN		
Abscheidetechnik	Pre-Combustion	Post-Combustion	
Art des Kraftwerks	Kohle (IGCC)	Erdgas (GuD)	Kohle (PC)
ohne Abscheidung			
Wirkungsgrad (%)	47	58	42
Stromgestehungskosten (ct/kWh)	4,8	3,1	4,0
mit Abscheidung			
Wirkungsgrad (%)	42,2	52	33,7
Wirkungsgradeinbußen (%-Pkt.)	4,8	6,0	8,3
Stromgestehungskosten (ct/kWh)	6,4	4,1	6,0
Mehrkosten der Abscheidung (ct/kWh)	1,6	1,0	2,0
Anstieg Gestehungskosten (%)	33,3	32,3	50,0
vermiedenes CO_2 (%)	88	85	85
Vermeidungskosten (Euro/t CO_2)	26	37	29

IGCC: Integrated Gasification Combined Cycle; GuD: Gas- und Dampfkombiprozess; PC: Pulverized Coal

Quelle: übersetzter Auszug aus Hendriks et al. 2004, S. 5

TAB. 4	KOSTEN DER ABSCHEIDUNG BEI KRAFTWERKEN		
Abscheidetechnik	Pre-Combustion	Post-Combustion	
Art des Kraftwerks	Kohle (IGCC)	Erdgas (GuD)	Kohle (PC)
Veröffentlichung	*Anstieg Gestehungskosten (%)*		
Hendriks et al. 2004	33,3	32,3	50,0
Strömberg 2006	–	35	46
MIT 2007a	30	–	60–75

Quelle: eigene Zusammenstellung

13 Basierend auf einer quantitativen vergleichenden Analyse von sieben Kraftwerksdesign- und Kraftwerkskostenstudien.

Für die CO_2-Abscheidungskosten (bezogen auf die Menge vermiedenes CO_2) ergeben sich zwischen 26 Euro/t und 37 Euro/t (verglichen mit einem Kraftwerk desselben Typs ohne Abscheidung). Die genannten Werte befinden sich im Mittelfeld einschlägiger Publikationen (Audus 2006; IPCC 2005; OECD/IEA 2004a; WI/DLR/ZSW/PIK 2007; Williams 2002).

Die Angaben beziehen sich durchweg auf neu zu bauende Kraftwerke. Die Kosten der Nachrüstung bestehender Kraftwerke mit CO_2-Abscheidungsanlagen sind bislang kaum untersucht worden. Die wenigen verfügbaren Studien deuten darauf hin, dass die Kosten sehr fallspezifisch sind, in der Tendenz aber deutlich höher ausfallen als beim Neubau. Hier besteht noch ein substanzieller Forschungsbedarf (IPCC 2005, S. 170).

Die Kosten für die Abscheidung von CO_2 aus Industrieprozessen liegen in ähnlicher Größenordnung wie bei Kraftwerken. Ausnahmen sind solche Prozesse, bei denen CO_2 ohnehin in fast reiner Form anfällt (z. B. Ammoniak- und Wasserstoffproduktion). Dort sind die Kosten der CO_2-Abscheidung um ein Vielfaches niedriger (Tab. 5).

TAB. 5	KOSTEN DER CO_2-ABSCHEIDUNG IN INDUSTRIELLEN PROZESSEN
Anlage	Euro/t CO_2
Zement	28
Eisen und Stahl	29
Ammoniak (Rauchgas)	36
Ammoniak (reines CO_2)	3
Raffinerie	29–42
Wasserstoff (Rauchgas)	36
Wasserstoff (reines CO_2)	3
Petrochemie	32–36

Quelle: Hendriks et al. 2004, S. 5

Neue und verbesserte CO_2-Abscheidetechnologien in Verbindung mit fortschrittlichem Kraftwerks- bzw. Prozessdesign versprechen zukünftig Kostensenkungen. Annahmen über technische Fortschritte unterschiedlicher CO_2-Abscheidetechniken basieren im Allgemeinen auf Erfahrungswerten bei ähnlichen Technologien (z. B. Entschwefelungsanlagen). Eine Studie zu Lerneffekten bei Abscheidungstechniken für Schwefeldioxid (SO_2) und Stickstoffoxide (NO_x) in den USA ergab eine Kapitalkostenreduktion von 12 % pro Verdoppelung der weltweit installierten Kapazität (Rubin et al. 2004). Aufgrund ihrer technischen Ähnlichkeit werden manchmal vergleichbare Kostendegressionen bei der CO_2-Abscheidung angenommen.

Es ist allerdings unbestritten, dass Lernkurven nicht uneingeschränkt auf andere Technologien übertragbar und Kostenschätzungen für Technologien in einem frühen Entwicklungsstadium oft unzuverlässig und zu optimistisch sind. Erfahrungen haben gezeigt, dass Kosten während der Entwicklungsphase meist ansteigen und erst nach der Realisierung von einer oder mehreren kommerziellen Anlagen zu sinken beginnen. Daher sollten Kostenangaben für die unterschiedlichen CO_2-Abscheidungstechniken im Kontext ihrer jetzigen Entwicklungsphase gesehen werden (IPCC 2005, S. 163).

CO$_2$-TRANSPORT   3.2

Die häufigste und meist auch wirtschaftlichste Form CO_2 zu transportieren ist der Pipelinetransport. Bei sehr großen Distanzen kann der Transport per Schiff ökonomisch sinnvoll sein (IPCC 2005, S. 344).[14]

PIPELINETRANSPORT   3.2.1

Die wichtigsten Kostenelemente bei Pipelines sind Materialkosten, Baukosten, Betriebs- und Instandhaltungskosten sowie Energiekosten für die Kompression (Hendriks et al. 2003b). Die Kosten hängen von der zu transportierenden Menge und von der Transportentfernung ab. Für einen typischen Transportfall (Entfernung 250 km, 5 Mio t CO_2/Jahr, einfaches Terrain) werden Kosten von etwa 2 US-Dollar/t CO_2 (2002) angegeben. Die Spannbreite liegt bei 1 bis 8 US-Dollar/t (2002) (IPCC 2005, S. 345; VGB 2004, S. 100 ff.).

Die Kosten können abhängig von den geografischen Gegebenheiten stark variieren: Querungen (z. B. Straßen, Wasserwege) können zu Kostensteigerungen von 40 % führen, bergiges Gelände von 80 %, urbane Räume gar bis zu einem Faktor 10 (FhG-ISI/BGR 2006, S. 75). Offshorepipelines sind etwa 40 bis 70 % teurer als vergleichbare Pipelines an Land (IPCC 2005, S. 344).

Weiterhin ist zu beachten, dass die geschätzten Transportkosten sich meist auf eine vollständige Infrastruktur inklusive der damit einhergehenden Skaleneffekte beziehen. In der Praxis wird die Transportinfrastruktur jedoch sukzessive aufgebaut, sodass anfänglich mit einem geringeren Auslastungsgrad und höheren Kosten zu rechnen ist (Linßen et al. 2006, S. 56).

Da der Pipelinebau als reife Technologie betrachtet werden kann, sind zukünftige Kostensenkungen durch technologischen Fortschritt nur in geringem Umfang zu erwarten (IPCC 2005, S. 344).

---

14 Die IEA hat angekündigt, Anfang 2008 ein Softwaretool zur Berechnung von Transportkosten zur Verfügung zu stellen. Weitere Details unter www.co2captureandstorage. info/co2costcalcu lator/co2transmission.htm.

Im Bezug auf den Aufbau der Transportinfrastruktur müssen Vorteile und Nachteile des Baus von projektspezifischen Pipelines gegen den Aufbau eines CO_2-Pipelinenetzwerks abgewogen werden. Bei einer großskaligen Umsetzung von CCS wird die notwendige CO_2-Transportinfrastruktur wahrscheinlich aus einem Zusammenschluss mehrerer koordinierter Netzwerke bestehen (VGB 2004, S. 104 f.). Der Aufbau einer nennenswerten Transportinfrastruktur ist jedoch nur bei klaren politischen Signalen sowie langfristiger Planungssicherheit zu erwarten (Hendriks et al. 2003b, S. 23).

SCHIFFSTRANSPORT   3.2.2

Zu Kostenschätzungen für den Schiffstransport gibt es wesentlich weniger Untersuchungen, die zudem teilweise stark divergieren. Grund dafür ist, dass ein Schiffstransportsystem in der Größenordnung, die für CO_2-Abscheidung und -Lagerung notwendig wäre, bisher nicht existiert und daher Annahmen getroffen werden müssen, die zu einer größeren Streuung der Resultate führen können.

Die Kosten für den Schiffstransport setzen sich aus verschiedenen Elementen zusammen: u. a. Kosten für das Schiff, Belade- und Entladeinfrastruktur, Zwischenlagerung, Hafengebühren, Energiekosten für Kühlung/Verflüssigung und Personalkosten.

Für die Kosten der gesamten Behandlungs- und Transportkette (inkl. Kompression und Kühlung) werden beispielsweise in IPCC (2005) etwa 8 US-Dollar/t CO_2 angegeben, bei einer Transportentfernung von 200 bis 300 km.

Beim Transport von CO_2 über sehr lange Distanzen (ab ca. 1.000 km) kann das Schiff kostengünstiger sein als der Transport per Pipeline. Schiffe sind auch wesentlich flexibler einsetzbar als Pipelines.

CO$_2$-LAGERUNG   3.3

Bohrungs-, Infrastruktur- und Betriebskosten sind die wichtigsten Kostenbestandteile der CO_2-Lagerung. Da die Kosten der Lagerung sehr von den Gegebenheiten (Tiefe, Reservoirdicke, Permeabilität, vorhandene Infrastruktur etc.) jedes einzelnen Reservoirs abhängen, weisen Kostenschätzungen eine relativ große Bandbreite auf (zwischen 0,2 und 30,2 US-Dollar/t CO_2 für Aquifere sowie 0,5 und 12,2 US-Dollar/t CO_2 für entleerte Öl- und Gasfelder) (IPCC 2005, S. 259 f.). Generell ist die Offshorelagerung teurer als die Lagerung an Land.

Tabelle 6 gibt eine Übersicht über die von Hendriks et al. (2004) geschätzten Kosten in Abhängigkeit der Speichertiefe und der Art des Reservoirs. Danach ist die Lagerung in Aquiferen etwas teurer als die Lagerung in leeren Erdgas- oder Ölfeldern. Die Speicherkosten steigen mit zunehmender Speichertiefe an. Auch die Anzahl der erforderlichen Bohrungen ist ein wichtiger Kostenfaktor. Sie hängt u. a. von der Aufnahmefähigkeit des Reservoirs und anderer Reservoireigenschaften ab (z. B. der Durchlässigkeit des Gesteins).

TAB. 6   CO$_2$-SPEICHERKOSTEN IN ABHÄNGIGKEIT VON DER SPEICHERTIEFE

	Speicherkosten (Euro/t CO$_2$) bei einer Tiefe von		
	1.000 m	2.000 m	3.000 m
Aquifer (an Land)	1,8	2,7	5,9
Aquifer (offshore)	4,5	7,3	11,4
Erdgasfeld (an Land)	1,1	1,6	3,6
Erdgasfeld (offshore)	3,6	5,7	7,7
leeres Ölfeld (an Land)	1,1	1,6	3,6
leeres Ölfeld (offshore)	3,6	5,7	7,7

Quelle: übersetzter Auszug aus Hendriks et al. 2004, S. 13

Im Falle von Enhanced Oil Recovery (EOR) können die Einnahmen aus der gesteigerten Ölproduktion die Kosten der CO$_2$-Lagerung teilweise kompensieren bzw. sogar übertreffen. Die Kostenschätzungen hängen hier von einer ganzen Reihe von Parametern ab, wie z. B. der Produktivität und Tiefe des Reservoirs, der existierenden Infrastruktur und der Effektivität der CO$_2$-Injektion und können signifikant mit den Annahmen über die existierenden Ölpreise variieren[15] (Hendriks et al. 2004, S. 12; IPCC 2005, S. 262). Daher weisen verschiedene Publikationen mitunter erhebliche Differenzen auf: Während z. B. die Schätzungen von Hendriks et al. (2004) von -10 bis 10 Euro/t CO$_2$ ausgehen, nennt der IPCC (2005) eine Spanne von -92 bis 66,7 US-Dollar/t.

Da Enhanced Coal Bed Methane Recovery (ECBM) und Enhanced Gas Recovery (EGR) von einer kommerziellen Verfügbarkeit noch weit entfernt sind, sind die Kostenschätzungen mit großen Unsicherheiten behaftet. Zu den Parametern, die die Kosten beeinflussen gehören unter anderem der Gaspreis, die Anzahl und Tiefe der Bohrlöcher wie auch die Effektivität der Speicherung bzw. Methangewinnung. Die Spanne der existierenden Kostenschätzungen reicht von -26,4 bis 31,5 US-Dollar/t CO$_2$ (IPCC 2005, S. 263).

Derzeit besteht ein dringender Bedarf zur Aktualisierung der Kostenschätzungen für die CO$_2$-Lagerung. Der Grund hierfür ist, dass sich (aufgrund von aktuellen

---

15 Die meisten Schätzungen basieren auf eher niedrigen Ölpreisen von 15 bis 20 US-Dollar/Barrel. Für höhere Ölpreise liegen momentan noch keine differenzierten Berechnungen vor (IPCC 2005, S. 262).

Entwicklungen in der Öl- und Gasindustrie) die Kosten für Bohrungen in wenigen Jahren mehr als verdoppelt haben (Huenges 2007). Diese Kostensteigerungen sind in der Literatur bislang unberücksichtigt geblieben.

KOSTEN FÜR MONITORING, HAFTUNG, SANIERUNG   3.4

Es existieren zurzeit kaum Studien, die sich mit den Kosten der langfristigen Überwachung (Monitoring) von CO_2-Speichern beschäftigen. Diese Kosten hängen vor allem von den Eigenschaften des Reservoirs, den eingesetzten Überwachungstechnologien und dem Zeitraum, über den die Überwachung stattfindet, ab. Benson et al. (2005) kalkulieren je nach Umfang der Monitoringstrategie Kosten von 0,05 bis 0,085 US-Dollar/t CO_2 (für die gesamte Dauer der Überwachung bei einem Diskontierungssatz von 10 %) bzw. 0,16 bis 0,30 US-Dollar/t CO_2 (ohne Diskontierung). Es wird dabei angenommen, dass die Überwachung während der 30-jährigen Injektionsphase stattfindet und für 20 Jahre nach Schließung des Reservoirs im Falle von EOR sowie 50 Jahre im Falle von Aquiferlagerung fortgesetzt wird.

Kosten, die im Falle von Leckagen für die Reparatur und die Sanierung anfallen können, sowie die Kosten für eine langfristige Haftung haben in der Literatur bislang noch keine Beachtung gefunden (IPCC 2005, S. 263). Auch wenn diese Kostenbestandteile insgesamt einen eher kleinen Anteil an den Gesamtkosten der Lagerung 1 t CO_2 ausmachen dürften, sollten sie aufgrund der großen CO_2-Mengen und der langen Zeiträume nicht vernachlässigt werden und in eine langfristige volkswirtschaftliche Betrachtung einfließen (UBA 2006a, S. 49).

GESAMTKOSTEN UND WETTBEWERBSFÄHIGKEIT   3.5

Nach der Betrachtung der Kosten für die einzelnen Prozessschritte von CCS werden im Folgenden die Gesamtkosten der Option CCS unter Berücksichtigung der gesamten Prozesskette dargestellt. Hierbei werden sowohl die Stromgestehungskosten als auch die CO_2-Vermeidungskosten diskutiert.

In Abbildung 13 sind die Stromgestehungskosten der drei Verfahrensvarianten zur CO_2-Abscheidung Post-Combustion (MEA), Oxyfuel und Pre-Combustion (Selexol) verglichen mit einem konventionellen Dampfkraftwerk bzw. einem Kombikraftwerk (IGCC bzw. GuD) dargestellt. Dabei wurde von in den Jahren 2020 bzw. 2030 neu zu bauenden Kraftwerken ausgegangen sowie der Pipelinetransport über 200 km und die Lagerung in einem Aquifer in 1.000 m Tiefe angenommen (Linßen et al. 2006, S. 51).

ABB. 13   STROMGESTEHUNGSKOSTEN VERSCHIEDENER KRAFTWERKSTYPEN
OHNE UND MIT CCS

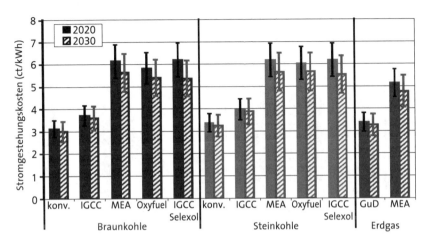

Konv.: konventionelles Referenzkraftwerk, IGCC: Gas- und Dampfkraftwerk mit integrierter Kohlevergasung, MEA: Monoethanolamin, Oxyfuel: Verbrennung in reinem Sauerstoff, Selexol: physikalisches CO_2-Abtrennungsverfahren, GuD: Gas- und Dampfkraftwerk

Quelle: Linßen et al. 2006, S. 51

Für die Kohlekraftwerksvarianten mit CCS zeigt sich eine annähernde Verdoppelung der Stromgestehungskosten; für Erdgaskombikraftwerke eine Steigerung um 50 %. Aus diesen Ergebnissen lässt sich brennstoffspezifisch innerhalb der Kraftwerkstechniken keine eindeutige Präferenz für eine bestimmte Technik (also z. B. Oxyfuel vs. Pre-Combustion) ablesen (Linßen et al. 2006, S. 51).

Die Berechnung der Stromgestehungskosten für die verschiedenen Kraftwerksvarianten basiert auf einer Reihe von Annahmen über den technologischen Entwicklungsstand in den Zieljahren 2020 bzw. 2030 (z. B. den elektrischen Wirkungsgrad der Kraftwerke, den Abscheidegrad von CO_2), auf Kostenannahmen (z. B. Investitionen, Betriebskosten) sowie auf weiteren Parametern, z. B. Zinssätze, Zahl der Volllastbenutzungsstunden und nicht zuletzt der zukünftigen Entwicklung der Brennstoffpreise (Kohle, Erdgas). Diese Annahmen sind mit teils erheblichen Unsicherheiten verbunden, sodass eine relativ große Bandbreite der Ergebnisse für die Stromgestehungskosten resultiert.

Abbildung 14 zeigt die resultierenden CO_2-Vermeidungskosten. Sie liegen bei Kohlekraftwerken – unter der Annahme einer Markteinführung um 2020 – bei etwa 35 bis knapp unter 50 Euro/t CO_2, Erdgaskraftwerke liegen deutlich darüber. Zu vergleichbaren Ergebnissen gelangen WI/DLR/ZSW/PIK (2007, S. 208 ff.).

ABB. 14   CO$_2$-VERMEIDUNGSKOSTEN VON KRAFTWERKEN MIT CCS

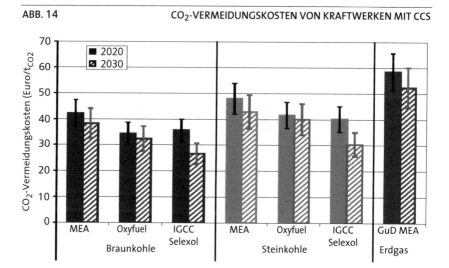

Konv.: konventionelles Referenzkraftwerk, IGCC: Gas- und Dampfkraftwerk mit integrierter Kohlevergasung, MEA: Monoethanolamin, Oxyfuel: Verbrennung in reinem Sauerstoff, Selexol: physikalisches CO$_2$-Abtrennungsverfahren, GuD: Gas- und Dampfkraftwerk

Quelle: Linßen et al. (2006, S. 53)

Durch Lerneffekte könnten die Vermeidungskosten im Jahr 2030 für einige der kohlegefeuerten Varianten nahe an bzw. unter 30 Euro/t CO$_2$ sinken. Bei den CO$_2$-Vermeidungskosten ist es von großer Bedeutung, auf welches Referenzkraftwerk Bezug genommen wird. Nimmt man z. B. für die Kohlekraftwerke mit CCS als Vergleichsbasis ein Erdgaskombikraftwerk, so werden wesentlich weniger CO$_2$-Emissionen vermieden und es resultieren erheblich – bis zu einem Faktor 3 – höhere CO$_2$-Vermeidungskosten (WI/DLR/ZSW/PIK 2007, S. 207). Aus diesem Grund können die ermittelten CO$_2$-Vermeidungskosten auch nicht als Vergleichsbasis für andere CO$_2$-Minderungsmaßnahmen (z. B. im Gebäudesektor oder im Verkehr) herangezogen werden. Hierfür wäre eine gesamtenergiewirtschaftliche Betrachtung im Rahmen von Energiesystemmodellen erforderlich (Linßen et al. 2006).

WETTBEWERBSFÄHIGKEIT

Die CCS-Technologie wird nur dann auf dem Strommarkt eingesetzt werden, wenn sie mit anderen Erzeugungsoptionen wettbewerbsfähig ist. Das setzt voraus, dass klimaschonende Stromerzeugung ökonomisch belohnt wird, bzw. in anderen Worten: dass der Preis für emittiertes CO$_2$, wie er z. B. auf dem europäischen Markt für CO$_2$-Emissionszertifikate (EUA: EU Emission Allowances) gebildet wird, mindestens so hoch ist, dass CCS-Kraftwerke mit fossilen Kraftwerken ohne Abscheidung konkurrenzfähig sind. Dies wäre im Lichte der oben genannten CO_2-Vermeidungskosten von CCS bei einem Preis von etwa 30 bis 40 Euro/EUA der Fall.[16] Vereinzelt werden auch geringere Beträge (z. B. 15 Euro) für möglich gehalten (Strömberg 2005).

Unter diesen Bedingungen ist der Vergleich der Stromgestehungskosten von CCS-Kraftwerken mit anderen CO_2-armen, vor allem regenerativen, Erzeugungsoptionen interessant. Abbildung 15 zeigt die Kostenentwicklung von Technologien zur regenerativen Stromerzeugung, wie sie aus dem »Leitszenario 2006« für neu zu errichtende Anlagen resultiert (zu Details s. Nitsch 2007).

ABB. 15   ZUKÜNFTIGE KOSTENENTWICKLUNG DER REGENERATIVEN STROMERZEUGUNG

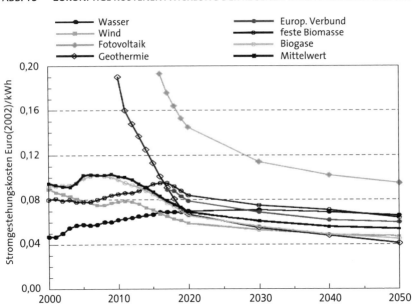

Quelle: Nitsch 2007, S. 47

Danach könnten im Jahr 2020 die meisten der betrachteten regenerativen Technologien ein ähnliches Kostenniveau erreicht haben, wie es für CCS-Kraftwerke ermittelt wurde (im Bereich von 0,05 bis 0,07 Euro/kWh) (Für Wasser- und Windkraft ist dies an guten Standorten bereits heute der Fall). Unter bestimmten Szenarioannahmen (u. a. anhaltende Ausbaudynamik der Erneuerbaren) wird für die Zeit nach 2020 ein Wettbewerbsvorsprung für die erneuerbaren Technologien konstatiert, der sich im Zeitverlauf noch vergrößert (WI/DLR/ZSW/PIK 2007, S. 212).

---

16 Zum Thema Allokation der Zertifikate und Anreizwirkung siehe Kapitel VI.4.2.

Reine Kostenvergleiche können allerdings nur einen Teil der Wettbewerbsfähigkeit von CCS abbilden. Diese hängt auch von anderen Faktoren ab, wie z. B. der technischen Zuverlässigkeit, der Versorgungssicherheit, der Wertigkeit des Stroms (Verfügbarkeit, gesicherte Leistung), Netzeinbindungsaspekten sowie dem Angebotspotenzial bei den verschiedenen Erzeugungstechnologien (WI/DLR/ZSW/PIK 2007, S. 223 ff.).

Obschon solche szenariogestützten langfristigen Projektionen in Bezug auf ihre Prognosekraft nicht überinterpretiert werden sollten, erscheint es unbestreitbar, dass CCS kein Alleinstellungsmerkmal besitzen wird, sondern sich im Konzert mit anderen Technologien zur CO_2-armen Stromerzeugung behaupten muss.

Großkraftwerke und Energieinfrastruktur sind mit hohen Investitionskosten und langen Reinvestitionszyklen verbunden, sodass einerseits signifikante Veränderungen am Kraftwerksbestand nur in bestimmten Zeitfenstern möglich sind und andererseits Investitionsentscheidungen in bestimmte Technologien eine Bindungswirkung über vergleichsweise lange Zeiträume (40 Jahre und mehr) nach sich ziehen. Sollte CO_2-Abscheidung und -Lagerung als geeignete Klimaschutzoption in Betracht gezogen werden, muss deren Einführung mit den Reinvestitionszyklen im Kraftwerkssektor Hand in Hand gehen.

ERNEUERUNGSBEDARF BEI KRAFTWERKEN   1.

In Deutschland besteht aufgrund der Altersstruktur der Kraftwerke in den nächsten zwei bis drei Jahrzehnten ein erheblicher Erneuerungsbedarf. Ein Großteil der zurzeit laufenden Kraftwerksblöcke hat inzwischen ein hohes Alter erreicht: Über 40 % der in konventionellen Wärmekraftwerken installierten Leistung werden im Jahr 2010 bereits 35 Jahre oder mehr am Netz sein. Zusätzlich wird bei planmäßiger Umsetzung des Ausstiegsbeschlusses bis Mitte der 2020er Jahre die installierte Kernkraftwerksleistung von über 21.000 MW vollständig vom Netz gehen. Bis 2030 wird demnach eine Kraftwerksleistung von mindestens 50.000 MW ersetzt werden müssen. Bei einer umfassenden Modernisierung kann sich diese Leistung sogar auf beinahe 80.000 MW erhöhen (DIW 2003).

Der in Abbildung 16 dargestellte projizierte jährliche Zubaubedarf an Kraftwerkskapazitäten zeigt, dass ein verstärkter Bedarf vor allem in der Zeit bis 2030 zu erwarten ist (Linßen et al. 2006). Gemäß der UBA-Kraftwerksdatenbank sind derzeit 45 Kraftwerksblöcke auf der Basis von Erdgas und Kohle geplant, die zwischen 2006 und 2015 ans Netz gehen sollen; in der Summe eine Kapazität von über 30.000 MW (UBA 2006b, S. 6 ff.).

Allerdings besteht aus energiewirtschaftlicher Sicht kein Automatismus, ausgemusterte Großkraftwerke wiederum durch große Kraftwerksblöcke ersetzen zu müssen. Der Bau von kleineren, dezentral in der Nähe der Verbraucher lokalisierten Kraftwerke bietet eine Reihe von Vorteilen: Durch die größere Flexibilität ist eine bessere Abstimmung von Energieerzeugung auf die fluktuierende Nachfrage möglich. Die Leitungsverluste könnten durch die geringeren Übertragungswege gesenkt werden. Es könnte die Nachfrage nach Primärenergieträgern diversifiziert und z. B. biogene Energieträger leichter integriert werden. Ein wichtiges Argument für verstärkte Dezentralisierung ist darüber hinaus die Möglichkeit, die bei der Stromerzeugung anfallende Wärme sinnvoll nutzen zu können (Kraft-

Wärme-Kopplung). Ein weiteres mögliches Strategieelement ist es, durch verstärkte Bemühungen um effiziente Energienutzung und Energieeinsparung, den Bedarf an neuer Kraftwerkskapazität deutlich zu begrenzen.

ABB. 16   JÄHRLICHER ZUBAUBEDARF AN KRAFTWERKSKAPAZITÄT IN DEUTSCHLAND

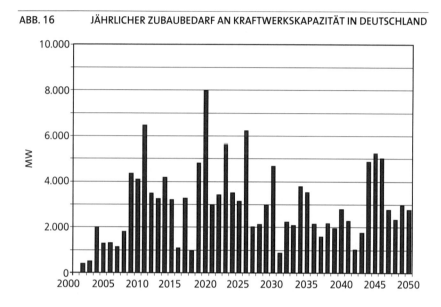

Quelle: Linßen et al. 2006, S. 43

Welchen Beitrag die CCS-Technologie vor diesem Hintergrund zur CO_2-Minderung leisten kann, hängt entscheidend von der Beantwortung folgender Fragen ab:

> Wann steht CCS tatsächlich zur Verfügung?
> Ist die Nachrüstung bestehender Kraftwerke mit CCS-Technologie machbar?
> Ist das Konzept tragfähig, neu zu bauende Kraftwerke bereits jetzt für die Nachrüstung vorzubereiten (sog. »capture ready«)?

ZEITRAHMEN FÜR DIE VERFÜGBARKEIT VON CCS   2.

In verschiedenen Papieren zur Forschungsstrategie und sog. »Roadmaps« wird der Zeithorizont thematisiert, bis zu dem die CCS-Technologie verfügbar sein könnte. Gemeinsam ist den meisten dieser Veröffentlichungen die Nennung des Zieljahrs 2020 für die kommerzielle Verfügbarkeit im Kraftwerksmaßstab, wobei nicht immer präzise beschrieben wird, was genau bis zu diesem Jahr erreicht werden soll. Einen relativ hohen Detaillierungsgrad haben sowohl das deutsche

COORETEC-Programm als auch der CCS-Plan des US-amerikanischen Energie-ministeriums (DoE):

> Für das COORETEC-Programm wird die Zielsetzung ausgegeben, bis 2020 »das zukunftsfähige Kraftwerk kommerziell verfügbar« zu machen. Vergleichsweise detailliert werden die technischen Teilziele ausgeführt. Diese umfassen u. a. die Senkung der Kosten für die CO_2-Abtrennung und -Speicherung von derzeit 50 bis 70 Euro/t CO_2 auf weniger als 20 Euro sowie die Reduzierung der Effizienzverluste durch die CO_2-Abtrennung und -Speicherung von heute 9 bis 13 %-Punkten auf 6 bis 11 %-Punkte (BMWI 2007, S. 4). Das Technologieelement, das den Zeitplan für den großtechnischen Einsatz der CCS-Technologiekette bestimmt, ist demnach die geologische Lagerung. Bis 2010 sollen anhand von Pilotprojekten die anstehenden Fragen geklärt sein, sodass bis 2020 mehr als 5 % der Emissionen von Kraftwerken in Deutschland »deponierbar« sein sollen (bis 2025 soll dieser Anteil auf mehr als 20 % steigen können) (BMWA 2003, S. 79 ff.).

> Auch die Roadmap des amerikanischen Energieministeriums unterfüttert das generelle Ziel, »to develop, by 2012, fossil fuel conversion systems that offer 90 percent CO_2 capture with 99 percent storage permanence at less than a 10 percent increase in the cost of energy services«, mit Detailinformationen (DoE 2007, S. 9). Danach sollen bis 2012 Ergebnisse von Pilotanlagen für Abscheidung und Speicherung von CO_2 inklusive Technologien für Monitoring und Verifikation vorliegen, die zusammengenommen oben genannte Anforderungen erfüllen würden. Anschließend sollen die Systemintegration und das »upscaling« dieser Technologien vorangetrieben werden, sodass um das Jahr 2020 Großanlagen ans Netz gehen können.

> Noch weiter geht die »European Technology Platform for Zero Emission Fossil Fuel Power Plants«, deren Leitvision ist, »to enable European fossil fuel power plants to have zero CO_2 emissions by 2020« (ETP ZEP 2006c, S. 4). Das Etikett »Zero Emission« wird allerdings teilweise scharf kritisiert, da es als irreführend angesehen wird.

In Fachkreisen wird das Jahr 2020 als Zieldatum für die Marktfähigkeit von CCS als sehr ambitioniert eingeschätzt. Darüber waren sich auch die Teilnehmer des vom TAB durchgeführten Expertenworkshops einig. Bisher existiert noch kein Demonstrationsprojekt, das die gesamte Kette der CO_2-Abscheidung und Ablagerung abdeckt. Zwar kann ein ambitionierter Zeitplan dabei helfen, den Entwicklungsprozess zu beschleunigen, die Unsicherheiten und der Entwicklungsbedarf werden jedoch als sehr groß eingeschätzt. Ein Grund für die enge Zeitplanung könnte die Erkenntnis sein, dass der Beitrag, den CCS zur CO_2-Minderung leisten kann, immer kleiner wird, je später die Technologie voll verfügbar ist.

Führt man sich einige derzeit begonnene bzw. geplante Pilot- und Demonstrationsprojekte vor Augen, so erscheint die Einhaltung des genannten Zeitfensters unter günstigen ökonomischen und politischen Randbedingungen und wenn die Zielsetzung entschlossen verfolgt wird durchaus möglich (Tab. 7).

TAB. 7   BEGONNENE UND GEPLANTE CCS-PROJEKTE (AUSWAHL)

Wann	Was	Wo	Wer
2008	30 MWth Oxyfuel-Kraftwerk (Inbetriebnahme)	Schwarze Pumpe/D	Vattenfall
2010	475 MW Erdgaskraftwerk mit CO_2-Abscheidung für EOR	Peterhead/GB	BP
2011	860 MW Erdgaskraftwerk mit CO_2-Abscheidung für EOR	Halten/Norwegen	Shell, Statoil
2011	IGCC mit CO_2-Abscheidung und Lagerung in der südlichen Nordsee	GB	E.on UK
2014	450 MW IGCC mit CO_2-Abscheidung und Lagerung in salinem Aquifer	D	RWE
2014	275 MW IGCC mit CO_2-Abscheidung und Lagerung in salinem Aquifer	USA	»Future-Gen«-Projekt

EOR: Enhanced Oil Recovery, IGCC: Integrated Gasification Combined Cycle

Quelle: eigene Zusammenstellung

In welchem Zeitraum CCS einen Beitrag zum Klimaschutz leisten kann ist nicht nur von der technischen Verfügbarkeit der Abscheidetechnologien, sondern auch von den verfügbaren Speicherkapazitäten und der Transportinfrastruktur abhängig. Ein nicht zu vernachlässigender Faktor ist zusätzlich das Zusammenspiel von allen Elementen der Prozesskette, also der geografischen und zeitlichen Übereinstimmung von abzuscheidendem CO_2 und der Verfügbarkeit von Transportinfrastruktur und Lagerungsstätten. So können z. B. Öl- und Gasfelder, die noch länger produzieren, erst nachdem sie ausreichend entleert bzw. erschöpft sind, für die CO_2-Lagerung (bzw. EOR) genutzt werden. Die Fördersituation von größeren Ölfeldern in der Nordsee würde demnach – bei einer Fortsetzung des derzeitigen Trends – ein Beginn der CO_2-Injektion im Rahmen von EOR um ca. 2008 notwendig machen, um dem Rückbau der Infrastruktur zuvorzukommen (POST 2005).

NACHRÜSTUNG MIT CO_2-ABSCHEIDETECHNOLOGIEN   3.

Wie oben dargestellt besteht in Deutschland und auch in anderen Industrieländern in den nächsten ein bis zwei Jahrzehnten ein großer Kraftwerkserneuerungsbedarf. Vor dem Hintergrund, dass bis zur kommerziellen Verfügbarkeit der CCS-Technologie neue Kraftwerke noch ohne Abscheidungstechnologie errichtet werden, spielt die Nachrüstbarkeit von Kraftwerken mit CO_2-Abscheidungsanlagen eine wichtige Rolle (OECD/IEA 2004a, S. 58).

Herkömmliche Kohlekraftwerke könnten prinzipiell mit einer nachgeschalteten Rauchgaswäsche (Post-Combustion) oder mit einem Oxyfuel-Prozess nachgerüstet werden. Die geringste Eingriffstiefe in den Kraftwerksprozess hat dabei die Post-Combustion-Technologie: Hier müssen lediglich eine Anlage zur Gaswäsche (i. A. eine Aminwäsche) installiert sowie aus dem Dampfkreislauf Wärme ausgekoppelt werden, die für die Regeneration des Lösungsmittels benötigt wird. Damit werden allerdings die Arbeitsbedingungen der Turbine verändert, die daraufhin für einen möglichst effizienten Betrieb angepasst werden muss. Außerdem muss die Entschwefelung des Abgasstroms einem hohen Standard genügen, da Schwefel die Lösungsmittel angreift.

Für die Oxyfuel-Nachrüstung benötigt man eine Anlage zur Erzeugung von reinem Sauerstoff. Darüber hinaus müssen die Brenner für den Sauerstoffbetrieb umgerüstet sowie eine Abgasrückführung in den Verbrennungsprozess integriert werden. Zudem muss sichergestellt sein, dass alle Komponenten mit dem CO_2-reichen Arbeitsgas kompatibel sind.

Auch Kraftwerke mit integrierter Kohlevergasung (IGCC) können im Prinzip nachgerüstet werden: Hierfür muss der sog. Shiftreaktor des Vergasungsprozesses so eingestellt werden, dass möglichst reiner Wasserstoff und CO_2 entstehen. Die Verbrennungseigenschaften von Wasserstoff machen es unumgänglich, dass das Herzstück des Kraftwerks, die Turbinen, erheblich modifiziert bzw. ausgetauscht werden müssen. Da die Verbrennung von Wasserstoff wesentlich höhere Temperaturen erzeugt, ist im Abgas mit einem erhöhten Stickoxidanteil zu rechnen. Zur Einhaltung der Emissionsgrenzwerte sind daher zusätzliche Entstickungsmaßnahmen erforderlich.

Eine detaillierte Betrachtung der verschiedenen technologischen Optionen zur Nachrüstung findet sich z. B. in IEA GHG (2007). Dort werden auch Kriterien formuliert, die zur Prüfung der Frage herangezogen werden können, ob eine Nachrüstung sinnvoll ist. In der Fachliteratur besteht eine breite Übereinstimmung, dass beim heutigen Stand der Technik die Post-Combustion-Rauchgasdekarbonisierung die praktikabelste Option für eine Nachrüstung ist.

Ob Kraftwerke tatsächlich nachgerüstet werden, hängt nicht nur von der technologischen Machbarkeit, sondern entscheidend von der Wirtschaftlichkeit ab. Hier bleibt festzuhalten, dass eine Nachrüstung von Kraftwerken kostspielig und im Regelfall teurer als die Integration von CO_2-Abscheidung in eine Neuanlage ist. So haben z.B. Gibbins et al. (2005) berechnet, dass die Stromgestehungskosten eines konventionellen Kohlekraftwerks (Wirkungsgrad ohne CCS: 43,5 %) von etwa 2,8 US-Cent/kWh nach der Installation einer Post-Combustion-CO_2-Abscheidungsanlage auf etwa 5,8 US-Cent ansteigen würden.

CAPTURE READY   3.1

Die Idee, neu zu bauende Kraftwerke bereits heute so auszulegen, dass sie technisch unkompliziert und kostengünstig mit CO_2-Abscheidungsanlagen nachrüstbar sind, sobald die Technologie und die entsprechenden CO_2-Lagerstätten zur Verfügung stehen, klingt auf den ersten Blick einleuchtend und attraktiv. Dieses »Capture ready«-Konzept wird derzeit in Fachkreisen viel diskutiert, insbesondere seit die EU-Kommission den Vorschlag in die Debatte eingebracht hat, zukünftig nur noch fossil befeuerte Kraftwerke zu genehmigen, die »capture ready« sind (EU-Kommission 2007b). Auch der Ausschuss für Forschung und Technik (Science and Technology Committee) des britischen Unterhauses empfiehlt: »We recommend that Government makes capture readiness a requirement for statutory licensing of all new fossil fuel plant.« (House of Commons 2006, S. 19) Auf den letzten G8-Gipfeln in Gleneagles und Heiligendamm fand die »Capture ready«-Idee ebenfalls Unterstützung (G8 2005, Abs. 14c, G8 2007, Abs. 72[17]).

In diesem Zusammenhang ist die unmittelbare Kernfrage, wie ein heutiges Kraftwerk aussehen müsste, um als »capture ready« gelten zu können. Es ist nicht verwunderlich, dass dies nicht einfach zu beantworten ist, da anzunehmen ist, dass die CCS-Technologie großtechnisch in frühestens etwa 15 Jahren zur Verfügung stehen wird. Bis dahin bestehen erhebliche Unsicherheiten sowohl was die technologische Weiterentwicklung als auch was die ökonomischen und regulatorischen Rahmenbedingungen anbetrifft.

So ist derzeit noch weitgehend offen, welche technischen und/oder ökonomischen Kriterien ein »Capture ready«-Kraftwerk zu erfüllen hätte. Gegenwärtig existiert noch nicht einmal eine allgemein anerkannte Definition des Begriffs »capture ready«.

Bohm et al. (2007) definieren: »A plant can be considered ›capture ready‹ if, at some point in the future it can be retrofitted for carbon capture and sequestration and still be economical to operate.« Eine ähnliche Definition findet sich in

---

17 Bemerkenswerterweise fehlt der Begriff »capture ready« in der deutschen Fassung des Dokuments.

einer aktuellen Veröffentlichung des IEA GHG (2007, S.2): »A CO_2 capture-ready power plant is a plant which can include CO_2 capture when the necessary regulatory or economic drivers are in place. The aim of building plants that are capture-ready is to avoid the risk of ›stranded assets‹ or ›carbon lock-in‹.«

Ein Vorteil dieser Art von Definition ist, dass klargestellt wird, dass »capture ready« keine Technologie im engeren Sinne ist, sondern vielmehr einen starken ökonomischen Bezug aufweist. Ein offensichtlicher Nachteil ist, dass keine Kriterien bereitgestellt werden, anhand deren man prüfen kann, ob eine zu bauende Anlage »capture ready« ist oder nicht, da dies von zukünftigen ökonomischen bzw. regulatorischen Bedingungen abhängt – z.B. vom Preis für CO_2-Zertifikate oder von der Verpflichtung zur Nachrüstung. Streng genommen könnte erst retrospektiv (wenn die Nachrüstung sich als machbar herausgestellt hat) festgestellt werden, ob eine Anlage »capture ready« war.

Die European Power Plant Suppliers Association (EPPSA) hat kürzlich Vorschläge für technische Kriterien für Capture-ready-Anlagen publiziert (EPPSA 2006). Eine wichtige Voraussetzung dafür, dass eine CCS-Nachrüstung überhaupt infrage kommt, ist, dass das Kraftwerk einen hohen Ausgangswirkungsgrad besitzt, damit der durch die Abscheidung verursachte Effizienzverlust getragen werden kann. Eine hohe Effizienz bedeutet auch, dass die Menge des anfallenden CO_2 minimiert wird und damit die Abscheidungsanlage kleiner dimensioniert werden kann.

Sodann muss die Kompatibilität der Kraftwerkssysteme und Komponenten mit den durch das Hinzufügen der Abscheidungsanlage geänderten Prozessparametern (z.B. Temperatur, Druck, Zusammensetzung und Massendurchsatz des Arbeitsmittels der Turbine) gesichert werden.

>   Für Pre-Combustion-Anlagen (z.B. IGCC) unterscheiden sich die Anforderungen an die Gasturbine, den Dampfgenerator und die Nebenanlagen erheblich.
>   Für die Nachrüstung von Oxyfuel-Anlagen muss eine Rauchgasrezyklierung installiert werden, und es müssen Vorkehrungen getroffen werden damit alle Komponenten mit dem CO_2-reichen Rauchgas arbeiten können.
>   Zwar ist die nachträgliche Ausrüstung eines Kraftwerks mit einer CO_2-Reinigung des Abgases (Post-Combustion) die einfachste Option zur Nachrüstung, aber auch diese besitzt wegen des Wärmebedarfs für die Gaswäsche erhebliche Auswirkungen auf die Auslegung des Kraftwerks (v. a. den Dampfkreislauf und dessen Thermodynamik).

Ein Kraftwerk, das für den Betrieb mit CO_2-Abscheidung ausgelegt ist, hätte unweigerlich im Betriebsmodus ohne Abscheidung erhebliche Wirkungsgradeinbußen, einen höheren Brennstoffbedarf und damit eine schlechtere ökonomische sowie CO_2-Bilanz gegenüber einem Kraftwerk, das für den Betrieb ohne Abscheidung optimiert ist.

Aktuelle Analysen kommen übereinstimmend zu der Erkenntnis, dass (unabhängig von der gewählten Technologielinie) die Möglichkeiten für den Einbau von »Capture-ready«-Komponenten in heute zu errichtende Kraftwerke äußerst begrenzt sind (IEA GHG 2007). Signifikante Vorabinvestitionen für die spätere CO_2-Abscheidung wären – bei der Preisspanne für CO_2-Emissionsberechtigungen, die durch gegenwärtig diskutierte politische Maßnahmen zu erwarten wäre – im Allgemeinen ökonomisch nicht zu rechtfertigen (Bohm et al. 2007). Meist wäre es wirtschaftlich günstiger, ein herkömmliches Kraftwerk zu bauen und es bei veränderten Rahmenbedingungen (z. B. hohe Preise für CO_2-Zertifikate) umfangreich nachzurüsten oder – falls das technisch bzw. ökonomisch nicht tragfähig ist – abzuschalten. Zu einer sehr pessimistischen Einschätzung kommt MIT (2007a, S. 99): »The concept of a ›capture ready‹ ... coal plant is as yet unproven and unlikely to be fruitful.«

Lediglich Maßnahmen, die nur geringe Kosten verursachen, könnten in Betracht gezogen werden. Hierzu gehört z. B. das Vorhalten des Bauplatzes für die CO_2-Abscheidungsanlage und das Offenhalten eines einfachen Zugangs zu Komponenten, die im Zuge der Nachrüstung wahrscheinlich aufgerüstet oder ausgetauscht werden müssten. Eine weitere Möglichkeit wäre, bei der Standortwahl für Kraftwerke darauf zu achten, dass sie nahe an einer möglichen Lagerstätte oder an existierender Infrastruktur für den CO_2-Transport liegen bzw. zumindest sicherzustellen, dass keine Hindernisse für die Transportroute zu einer Lagerstätte existieren (EPPSA 2006).

Für eine belastbare Einschätzung, ob das »Capture-ready«-Konzept tragfähig ist, besteht noch ein erheblicher Bedarf an technisch-ökonomischen Analysen. Außerdem müssen Kriterien entwickelt werden, die es z. B. Genehmigungsbehörden ermöglichen, die »capture readiness« von Kraftwerken zu beurteilen.

Eine interessante Idee ist, »capture ready« losgelöst von der technologischen Diskussion als rein ökonomisches Konzept aufzufassen. Dies könnte z. B. bedeuten, dass während des Betriebs eines Kraftwerks aus den laufenden Einnahmen vorsorglich finanzielle Rückstellungen gebildet werden, damit genügend Mittel vorhanden sind, um eine Nachrüstung durchzuführen sobald die Technologie einsatzfähig ist. Bezüglich der Machbarkeit dieses Ansatzes besteht ebenfalls dringender Untersuchungsbedarf.

MARKTDIFFUSION VON CCS-TECHNOLOGIEN   3.2

Zur Beantwortung der Frage, welche Marktchancen CCS-Technologien im deutschen Elektrizitätsmarkt haben könnten, wurde im Rahmen des TAB-Projekts eine vertiefte modellgestützte Analyse ihrer möglichen Marktdiffusion durchgeführt. Die Darstellung folgt weitgehend dem vom TAB in Auftrag gegebenen

Gutachten des Fraunhofer-Instituts für System- und Innovationsforschung (FhG-ISI 2007). Hier finden sich auch weitere Details zum verwendeten Modell und der zugrundeliegenden Annahmen.

Die Analysen wurden mit einem Modell für den europäischen Strommarkt durchgeführt, das auf dem Open-Source-Modell »Balmorel« beruht (Ravn 2001). Um die Modellrechnungen besser handhabbar zu machen, wurde die erwartete Stromerzeugung durch Kernenergie und durch Erneuerbare Energien extern vorgegeben und nur die fossilen Erzeugungsoptionen modelliert. Für Kernenergie wurde die weitere Umsetzung des Ausstiegsbeschlusses angesetzt, für die erneuerbaren Energien wurde der Entwicklungspfad aus der Studie von Ragwitz et al. (2007) verwendet. Es wurde auch untersucht, welche Auswirkungen die Änderung relevanter Randbedingungen (z.B. Energieträgerpreise, CO$_2$-Reduktionsziele, Zeitpunkt der Marktreife von CCS, Intensität von Bemühungen zur Stromeinsparung etc.) auf die Marktdiffusion haben können.

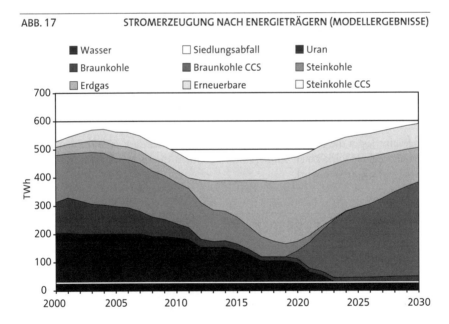

ABB. 17   **STROMERZEUGUNG NACH ENERGIETRÄGERN (MODELLERGEBNISSE)**

Quelle: FhG-ISI 2007, S. 45

Wie die in Abbildung 17 gezeigten Ergebnisse zeigen, wird Erdgas in der Zeit von 2010 bis 2020 zum wichtigsten Energieträger in der Stromerzeugung. Diese Rolle verliert das Erdgas jedoch schnell mit der Verfügbarkeit von CCS-Technologien, die innerhalb eines Jahrzehnts einen Anteil von rund 60 % an der Stromerzeugung erreichen. Für diesen hohen Anteil an der Stromerzeugung müsste eine Kapazität von über 40 GW installiert werden. Nach diesen Modellergebnissen müssten in den Jahren 2020 und 2021 je acht bis zehn Großkraftwerke mit CCS ans Netz gehen und in den folgenden Jahren jeweils zwischen drei und sechs solcher Anlagen. Ob die Technologiehersteller und die ausführenden Baufirmen in der Lage wären, Kraftwerke mit CCS-Technologien in diesem Ausmaß und in dieser Geschwindigkeit bereitzustellen ist aus heutiger Sicht zumindest zweifelhaft.

Auch wenn eine solch schnelle Marktdurchdringung von CCS-Kraftwerken realisierbar sein sollte und die notwendigen Speicher für CO_2 genehmigt werden könnten, sollte ein solches Szenario kritisch hinterfragt werden. Die in diesem Szenario jährlich zu speichernde Menge an CO_2 würde schnell die Größenordnung von vielen Mio. t/Jahr annehmen. Damit würden in kürzester Zeit sehr große Lagerstätten an CO_2 erzeugt, ohne dass Langzeiterfahrungen mit der Speicherung vorliegen. Dies widerspräche einer Philosophie, mit Risiken behaftete neue Technologien behutsam zu entwickeln.

Eine mögliche Strategie, um den Zeitdruck zur Errichtung von Kraftwerken mit CO_2-Abscheidung deutlich zu lockern ist, Maßnahmen für eine forcierte Steigerung der Energieeffizienz umzusetzen, um auf diese Weise den Strombedarf zu senken. Aus diesem Grund sind Maßnahmen zur Energieeffizienzsteigerung doppelt positiv zu bewerten, da sie einerseits per se Entlastung bei der Klimabilanz bewirken und andererseits zeitlichen Handlungsspielraum aufseiten der Erzeugungstechnologien eröffnen, ohne Pfadabhängigkeiten in Richtung bestimmter Techniklinien zu schaffen.

Insgesamt legen die Ergebnisse der Modellierung nahe, dass es unter den Anforderungen einer wirksamen Klimapolitik zu einem deutlichen Umbau des Kraftwerksparks kommen wird.

INTERNATIONALE PERSPEKTIVE   4.

Nachdem in den vorstehenden Kapiteln die CCS-Technologie vor allem aus deutscher bzw. europäischer Perspektive betrachtet und bewertet wurde, soll hier diskutiert werden, welchen Klimaschutzbeitrag CCS international leisten könnte. Auch wenn man, wie beispielsweise die Enquete-Kommission des 14. Deutschen Bundestages »Nachhaltige Energieversorgung unter den Bedingungen der Globalisierung und der Liberalisierung«, zu dem Schluss kommt, dass CCS »in jedem Falle nur einen quantitativ und zeitlich sowie regional deutlich begrenzten Wirkungsbeitrag zum Klimaschutz erbringen« könne, stellt sich die Situation außerhalb Deutschlands bzw. Europas deutlich anders dar.

So ist im Raum Asien/Pazifik der Verbrauch an Kohle in der Zeit von 1996 bis 2006 um mehr als 60 % angestiegen (Abb. 18). Hierfür war vor allem die drastische Ausweitung der Kohleverstromung in China und – zu einem kleineren Teil – Indien[18] verantwortlich. Allein in China wurden in der Zeit von 1995 bis 2002 etwa 100.000 MW fossiler Kraftwerksleistung (vorwiegend Kohlekraftwerke) gebaut. Für die Zeit von 2002 bis 2010 wird prognostiziert, dass nochmals etwa 170.000 MW hinzukommen (Linßen et al. 2006, S. 40).

ABB. 18   VERBRAUCH AN KOHLE NACH WELTREGIONEN (IN MRD. T RÖE)

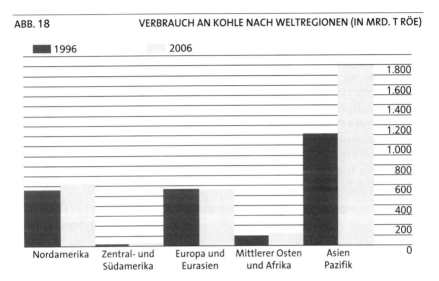

Quelle: BP 2007, S. 33

Diese beiden Länder besitzen riesige heimische Kohlereserven (China: 115 Mrd. t RÖE[19], Indien: 92 Mrd. t RÖE). Darin werden sie weltweit nur von den USA (mit 247 Mrd. t RÖE) und Russland (157 Mrd. t RÖE) übertroffen (BP 2007). Bei einer ungehemmten Fortsetzung dieses Verbrauchstrends wäre der Erfolg der internationalen Klimaschutzbemühungen absolut infrage gestellt. Daher werden China und Indien oft als Beispiele dafür angeführt, dass CCS in bestimmten Ländern eine wichtige Komponente zur Erreichung von zukünftigen Klimaschutzzielen sein könnte.

Eine breite Einführung von CO_2-Abscheidung und -Lagerung in China und Indien ist kurz- bis mittelfristig jedoch eher unwahrscheinlich, zumindest unter derzeitigen Rahmenbedingungen (OECD/IEA 2004a, S. 62). Damit der Einsatz der CCS-Technologie in diesen und anderen Schwellenländern attraktiv wird, müsste diese zunächst erfolgreich weiterentwickelt und erprobt werden. Hierfür kommen in

---

18 Obwohl China und Indien oft in einem Atemzug genannt werden, hinkt die Entwicklung des Kohleverbrauchs in Indien dem von China etwa zwei Jahrzehnte hinterher (MIT 2007a, S. 63 ff.).

19 1 t Rohöläquivalent (t RÖE) entspricht etwa 42 GJ.

erster Linie die Industrieländer mit ihrem technischen Know-how und ihren finanziellen Möglichkeiten in Betracht. Angesichts der ungeheuren Dynamik des Kraftwerksausbaus müsste allerdings die Einführung von CCS so schnell wie möglich erfolgen, da sich anderenfalls das Zeitfenster hierfür schließt und für viele Dekaden verschlossen bleibt (Linßen et al. 2006, S. 40).

Eine wichtige Frage ist, welche Speicherkapazitäten in den verschiedenen Ländern zur Verfügung stehen. Hierzu gibt es derzeit kaum gesicherte Informationen. Ein erster Überblick zu ausgewählten Sedimentbecken in China und Südostasien wurde kürzlich erstellt (APEC EWG 2005). In China scheint es eine Reihe von aussichtsreichen Kandidaten für mögliche CO_2-Ablagerstätten zu geben, teilweise auch in Regionen mit einer hohen Anzahl von Emissionsquellen (Kraftwerken) (Abb. 19). Ob sich diese Sedimente für die CO_2-Lagerung wirklich eignen, bedarf allerdings erst noch eingehender Untersuchungen. Hier besteht dringender Forschungsbedarf. Indien weist hingegen auf dem Festland fast keine geeigneten geologischen Formationen auf. Hier käme allenfalls die Offshorelagerung infrage (IPCC 2005, S. 95).

ABB. 19   GEOGRAFISCHE LAGE VON STATIONÄREN QUELLEN FÜR CO_2-EMISSIONEN
                 UND SEDIMENTBECKEN IN CHINA

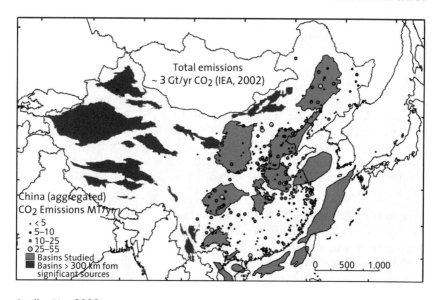

Quelle: Rigg 2006

Welche Bedeutung chinesische Entscheidungsträger der CCS-Technologie beimessen, ist derzeit noch nicht klar abzulesen. Hierfür gibt es ambivalente Signale. Einerseits spielt CCS keine tragende Rolle im kürzlich (Juni 2007) vorgestellten »National Climate Change Program« (NDRC 2007). Auf der anderen Seite bilden Kohle-Technologien und CCS das Herzstück im Bereich »Energy and Environment« des »Second U.S. – China Strategic Economic Dialogue« (TREAS 2007).

ÖFFENTLICHE MEINUNG UND AKZEPTANZ V.

Die öffentliche Wahrnehmung kann erhebliche und unerwartete Auswirkungen auf geplante Technologie- und Infrastrukturprojekte haben. Auseinandersetzungen – beispielsweise um Kernenergie und Gentechnik – legen dafür ein beredtes Zeugnis ab. Technologien wie CCS mit teilweise schwer einschätzbaren Risiken für Sicherheit, Gesundheit und Umwelt sind besonders anfällig dafür, öffentliche Beunruhigung und ggf. Widerstand auszulösen.

Die Sicherstellung eines hohen Maßes an öffentlicher Akzeptanz sollte daher ein hochrangiges Ziel sein. Zu diesem Schluss kam auch eine kürzlich im Britischen Unterhaus durchgeführte Anhörung. Ein Vertreter von BP brachte es so auf den Punkt: Mangelnde Akzeptanz könne ein »potential show stopper« sein (House of Commons 2006, S. 41). Eine wichtige Voraussetzung für Akzeptanz ist die Schaffung von Transparenz durch umfassende Information sowohl über den Sinn und Zweck von CCS im Allgemeinen als auch über konkrete Vorhaben und Projekte. Wie die Vergangenheit jedoch gezeigt hat, sind reine Informations- und Werbemaßnahmen zur Akzeptanzbeschaffung bei Weitem nicht ausreichend. Zur Vermeidung von Akzeptanz- und Vertrauenskrisen sollte daher frühzeitig ein ergebnisoffener Dialogprozess zwischen Industrie, Interessengruppen, Wissenschaft und Öffentlichkeit organisiert werden (ACCSEPT 2006; EU-Kommission 2007c). Hierüber besteht in der CCS-Fachöffentlichkeit in Deutschland ein breiter Konsens.

Der Einsatz von CCS in der Energieerzeugung wird von Meinungsträgern in Deutschland in jüngster Zeit verstärkt und zum Teil kontrovers diskutiert. Bedenken werden insbesondere von den Umweltverbänden und im politischen Bereich von den Grünen und der Linkspartei geäußert, während seitens der CDU/CSU, der SPD und der FDP ebenso wie von der Industrie der Einsatz von CCS überwiegend positiv beurteilt wird. Nachfolgend sind die Positionen von einigen wissenschaftlichen Vereinigungen und Beratungsgremien, von Umweltverbänden sowie der im Bundestag vertretenen Parteien sowie der zuständigen Ministerien zusammengestellt (WD 2006, S. 37 ff.; WI/DLR/ZSW/PIK 2007, S. 36 ff.). Darüber hinaus werden die Ergebnisse von kürzlich durchgeführten empirischen Erhebungen (Umfragen und Fokusgruppen) zur Wahrnehmung von CCS bei Stakeholdern und in der breiten Öffentlichkeit dargestellt.

Ausgehend von der Diagnose, dass bisher eine systematische Kommunikations-, Diskussions- bzw. Beteiligungsstrategie, die die wesentlichen Diskussionspunkte aufgreift und die relevanten Stakeholder einbezieht, nicht besteht, wird im Anschluss eine Möglichkeit aufgezeigt, wie ein solcher Prozess zur Förderung der Akzeptanz der CCS-Technologie strukturiert werden könnte.

POSITIONEN VON STAKEHOLDERN   1.

WISSENSCHAFT, BEIRÄTE

Der *Klimarat der Vereinten Nationen (Intergovernmental Panel on Climate Change, IPCC)* geht davon aus, dass es technisch machbar wäre, 20 bis 40 % des globalen Kohlendioxidausstoßes bis 2050 durch CO_2-Sequestrierung zu vermeiden. Die Risiken für Menschen, Umwelt und Klima werden insgesamt als gering und die Chancen eines dauerhaften Verbleibs des CO_2 in geologischen Formationen über 1.000 Jahre und mehr als hoch betrachtet (IPCC 2005).

Der *Rat für Nachhaltige Entwicklung (RNE)* hat sich für eine Abscheidung und Lagerung von CO_2 ausgesprochen. Sie könne einen Beitrag dazu leisten, dass auch künftig weiter Kohle für die Energiegewinnung in Deutschland genutzt und dennoch die Klimaschutzziele bis zur Mitte des Jahrhunderts erreicht werden können. Saubere Kohlenutzung baut aus Sicht des Rates eine wichtige Brücke zwischen fossilen und regenerativen Energien (RNE 2003, S. 20 ff.).

Der *Wissenschaftliche Beirat der Bundesregierung Globale Umweltveränderungen (WBGU)* sieht als langfristiges Ziel den Umstieg von fossilen auf erneuerbare E-nergieträger. Für eine Übergangszeit müssten weiterhin fossile Energieträger genutzt werden. Es wird als »wahrscheinlich unumgänglich« eingeschätzt, dass diese Nutzung mit Techniken zur Abtrennung und sicheren Endlagerung von CO_2 in geeigneten Lagerstätten einhergeht. Die Einlagerung sollte nur in geologischen Formationen erfolgen, in denen eine Leckrate von weniger als 0,01 %/Jahr gewährleistet werden kann bzw. die Verweildauer mindestens 10.000 Jahre beträgt. Der WBGU schlägt vor, dass der Kraftwerksausbau sich schon heute auf hocheffiziente Gas- und Dampfkraftwerke konzentrieren sollte, die für die Sequestrierung von CO_2 nachrüstbar sind und die Möglichkeit integrierter Vergasung von Kohle und Biomasse bieten (WBGU 2007).

Der *Sachverständigenrat für Umweltfragen (SRU)* erkennt zwar an, dass die Abscheidung und Lagerung von CO_2 prinzipiell eine Möglichkeit zur klimaschutzverträglichen Kohleverstromung bietet. Allerdings sei deren wirtschaftliche Anwendungsreife bis 2020 kaum zu erwarten und würde damit für die jetzt anstehende Erneuerung von großen Teilen des deutschen Kraftwerksbestands zu spät kommen. Es wird betont, dass noch viele Fragen offen seien, von deren Beantwortung es abhänge, inwieweit und in welchem Maße CCS einsetzbar sein wird. Offen sei insbesondere, ob eine dauerhaft sichere und damit auch umweltpolitisch akzeptable Endlagerung in großem Umfang möglich ist (SRU 2004).

Der *Nachhaltigkeitsbeirat der Landesregierung Baden-Württemberg (NBBW)* ist der Ansicht, dass der Einsatz von CO_2-armen bzw. -freien Kraftwerken einen wesentlichen Beitrag zu Umwelt- und Klimaschutz liefern kann. Zusätzlich hätten

»saubere« Kohlekraftwerke den Vorteil, dass mit ihnen leichter als mit diversen erneuerbaren Energien (Wind, Wasser, Sonne) die dauerhafte Bereitstellung der energetischen Grundversorgung (der sogenannten Grundlast) sichergestellt werden kann. Der NBBW befürwortet eine verstärkte Forschungsförderung und schlägt vor, ein »Leuchtturmprojekt« zu initiieren, in dem die gesamte CCS-Prozesskette großtechnisch demonstriert wird. Er gibt zu bedenken, dass es – selbst wenn eine hohe Speichersicherheit gewährleistet werden kann – bei einem grundsätzlichen Unbehagen in der Bevölkerung bleiben könne, wenn es darum gehe, große Mengen an Abfällen für lange Zeit unterirdisch einzuschließen (NBBW 2007).

Das *Umweltbundesamt (UBA)* hat aus den allgemeinen Nachhaltigkeitskriterien, die die Enquete-Kommission »Schutz des Menschen und der Umwelt« des Deutschen Bundestages in der 13. Wahlperiode erarbeitet hat (EK 1998), Kriterien für CCS abgeleitet und in sieben Thesen festgehalten (UBA 2007):

These 1: Klimaschutz ist mit erneuerbaren Energien und Energieeffizienz erreichbar. Die technische Abscheidung und Speicherung von CO_2 hingegen ist nicht nachhaltig, sondern allenfalls eine Übergangslösung.

These 2: Die Kapazitäten zur CO_2-Speicherung gehören in den Mittelpunkt der Diskussion: In Deutschland könnten sie rein rechnerisch auf 40 Jahre beschränkt sein.

These 3: Die technische Abscheidung und Speicherung des CO_2 verursacht Kosten. Einige Projekte werden sich – ehrgeizige Klimaschutzziele vorausgesetzt – jedoch wahrscheinlich rechnen.

These 4: CO_2-Speicher sollten eine Leckagerate von 0,01 %/Jahr nicht überschreiten. Gesundheits- und Umweltgefahren sind zu vermeiden.

These 5: Die Speicherung von CO_2 in der Ozean-Wassersäule und die »künstliche Mineralisierung« von CO_2 sind keine Optionen.

These 6: Der nationale und internationale Rechtsrahmen von CCS muss entwickelt werden.

These 7: Umwelt- und Gerechtigkeitsaspekte gehören in die Diskussion. Forschung, staatliche Regulierung und Demonstrationsvorhaben dürfen sich nicht nur auf technische Aspekte beschränken.

Der *Verein Deutscher Ingenieure (VDI)* favorisiert in erster Linie Technologien zur CO_2-Minderung über eine Erhöhung des Kraftwerkswirkungsgrads. Bei CO_2-Zertifikatspreisen um 30 Euro/t sei allerdings Braunkohleverstromung mit CO_2-Abscheidung rentabel und – mit Ausnahme der Nukleartechnik – in Deutschland anderen Technologien der Stromerzeugung hinsichtlich Wirtschaftlichkeit und Versorgungssicherheit überlegen. Daher werden die Errichtung von

Pilotanlagen befürwortet und nach dem Jahr 2015 die großtechnische Demonstration der Marktreife für notwendig erachtet (VDI o.J.).

Der Arbeitskreis Energie der *Deutschen Physikalischen Gesellschaft (DPG)* ist der Auffassung, dass die begründete Hoffnung besteht, dass die Sequestrierung einen sehr bedeutenden Beitrag zur Lösung des CO_2-Problems leisten wird. In Anbetracht der Klimaprobleme könne die CO_2-Sequestrierung als einziges Mittel angesehen werden, die vorhandenen fossilen Energieträger überhaupt noch einer klimaunschädlichen Nutzung zuzuführen. Die CO_2-Sequestrierung habe »gute Aussichten, eine der kostengünstigsten Techniken zur CO_2-Vermeidung zu werden« (DPG 2005, S. 71 ff.).

Die *Gesellschaft Deutscher Chemiker (GDCh)* steht der geologischen Sequestrierung wegen des beträchtlichen Forschungsbedarfs und der hohen Kosten kritisch gegenüber. Als die effektivste Alternative zur CO_2-Fixierung wird die verstärkte Aufforstung großer Waldgebiete angesehen (Hüttermann/Metzger 2004).

UMWELTVERBÄNDE

Die Positionen von Umweltverbänden und weiterer Nichtregierungsorganisationen decken ein weites Spektrum von der Befürwortung von CCS unter bestimmten Bedingungen bis hin zur kompletten Ablehnung ab. Nichts desto weniger zeichnet sich ein gewisser Mainstream ab, wie er beispielsweise in einer gemeinsamen Erklärung von Bund für Umwelt und Naturschutz Deutschland (BUND – Friends of the Earth Germany), Deutscher Naturschutzring (DNR), Forum Umwelt & Entwicklung, Germanwatch, Klima-Bündnis (europäische Geschäftsstelle), klimamarsch, Naturschutzbund Deutschland (NABU), Verkehrsclub Deutschland (VCD) sowie WWF Deutschland (World Wide Fund for Nature) erkennbar ist (Germanwatch 2003). Ähnlich argumentiert auch der Dachverband Climate Action Network Europe, in dem auch eine Reihe deutscher NGOs organisiert ist (CAN Europe 2006a): Die Sequestrierung von CO_2 wird als klassische (nachsorgende) »End-of-the-Pipe«-Technologie angesehen, die die Nutzung herkömmlicher fossiler Energieträger verteuert und durch eine Minderung der Kraftwerkswirkungsgrade einen erhöhten Verbrauch an Brennstoffen erfordert. Dies kollidiere mit dem prioritären Ziel einer ressourcenschonenden Energieversorgung. Nur wenn CCS bei ambitionierten Klimaschutzzielen einen zusätzlichen Beitrag leisten könne und wenn die Langzeitsicherheit nachgewiesen sei, könnte CCS als Handlungsoption in Betracht kommen. Die Durchführung von Forschungsprojekten zur Klärung offener Fragen wird akzeptiert. Allerdings wird angemahnt, dass die Förderung der CCS-Technologie nicht auf Kosten der erneuerbaren Energieträger und der rationellen Energieverwendung gehen dürfe. Eine Berücksichtigung von CCS-Projekten im Rahmen von CDM (Clean Development Mechanism des Kyoto-Protokolls) wird abgelehnt (CAN Europe 2006b).

POLITIK

Die Positionierung der politischen Parteien zum Thema CCS beginnt momentan eine klar erkennbare Gestalt anzunehmen. Nachdem die Energie-Enquete-Kommission des 14. Deutschen Bundestages vor fünf Jahren dem Thema CCS keine zentrale Bedeutung beigemessen hat und zu dem eher nüchternen Urteil gelangt ist, CCS sei »eher eine mittel- bis langfristige *Vision* (Hervorhebung im Original)«, die »in jedem Falle nur einen quantitativ und zeitlich sowie regional deutlich begrenzten Wirkungsbeitrag zum Klimaschutz erbringen« könne (EK 2002, S. 255 u. 258), positionieren sich die im Bundestag vertretenen Parteien heute wesentlich differenzierter:

Die *CDU/CSU-Bundestagsfraktion* hat in einem Positionspapier zum Klima-wandel die CCS-Technologie als einen Schwerpunkt bei der Forschung und Entwicklung von Klimaschutztechnologien hervorgehoben. Hierdurch würden sich neue Optionen umweltschonender Energieerzeugung aus fossilen Brennstoffen ergeben. Es wird die Auffassung vertreten, dass sowohl bestehende Kohlekraft-werke als auch Neubauten mit CCS-Technologie ausgestattet werden sollten, sobald diese Technik zur Verfügung steht (CDU/CSU 2007).

Die *Bundestagsfraktion der SPD* fordert, verstärkt in Forschung und Entwick-lung zur effizienten und wettbewerbsfähigen Nutzung von Kraftwerken mit CO_2-Abscheidung und -Speicherung zu investieren sowie die rechtlichen und wirtschaftlichen Rahmenbedingungen zu schaffen, damit nach 2015/2020 nur noch CO_2-freie fossile Kraftwerke ans Netz gehen. Jedoch solle eine Vorfestle-gung auf CO_2-Abscheidung als reale Option vermieden werden. Zuvor müsse sich deren technische, ökologisch verträgliche und wirtschaftliche Umsetzbarkeit zeigen (SPD 2007).

Die *Fraktion der FDP* hat einen Antrag in den Bundestag eingebracht, in dem diagnostiziert wird, dass CCS das bisher fehlende Verbindungsglied zwischen konventioneller und vollständig regenerativer Energieversorgung sein und den zur Verfügung stehenden Zeitrahmen für einen Umbau des Energiesystems bei gleichzeitigem Erreichen ambitionierter Klimaschutzziele verlängern helfen könnte. Es wird gefordert, eine umfassende Strategie zur Nutzung und Weiter-entwicklung der CCS-Technologien im Rahmen eines energiepolitischen Ge-samtkonzepts zu entwickeln (FDP 2007a).

In ihrem kürzlich veröffentlichten Energiekonzept bezeichnet die *Bundestags-fraktion von Bündnis 90/Die Grünen* CO_2-arme Kohlekraftwerke als »viel zitierte energiepolitische Vision mit zahlreichen technischen wie ökonomischen Unwäg-barkeiten und Fragezeichen«. Selbst wenn alle technologischen und finanziellen Probleme gelöst würden, könnten mit CCS ausgerüstete Kraftwerke auch 2020 keinen relevanten Beitrag zur Energieversorgung leisten, da die Technik bis dahin noch nicht wirtschaftlich einsatzfähig sei. Darüber hinaus wird ein Moratorium für Kohlekraftwerke ohne CO_2-Abscheidung gefordert (Bündnis 90/Die Grünen 2007a). Außerdem soll die CO_2-Sequestrierung in geologischen Gesteinsformationen unter dem Meer nur unter der Bedingung zugelassen werden, dass zuvor alle Risiken hinsichtlich der Umweltverträglichkeit ausgeschlossen sind (Bündnis 90/ Die Grünen 2007b).

Noch einen Schritt weiter geht die *Fraktion Die Linke im Bundestag* und sieht in der CO_2-Verpressung ein »Trojanisches Pferd der Kohlewirtschaft«. CCS sei »ein teures Experiment mit ökologisch ungewissem Ausgang«, und die Forschungsgelder für CCS wären als Förder- und Forschungsmittel für den Ausbau der regenerativen Energieversorgung und die Erhöhung der Energieeffizienz weitaus besser angelegt (Die Linke 2007a). Eine unbefristete Betriebsgenehmigung für Kraftwerke (ohne Kraft-Wärme-Kopplung) solle es nur noch geben, wenn ein Grenzwert für CO_2-Emissionen eingehalten wird, der sich am CO_2-Ausstoß moderner Erdgaskraftwerke orientiert (Die Linke 2007b).

Diese fortschreitende Meinungsbildung der Parteien hat auch in vermehrten Aktivitäten im Bundestag Ausdruck gefunden. CCS findet in den energiepolitischen Debatten der jüngeren Vergangenheit immer wieder Erwähnung (z. B. Deutscher Bundestag 2007a u. b). Weiterhin hat der Ausschuss für Umwelt, Naturschutz und Reaktorsicherheit am 7. März 2007 eine öffentliche Anhörung zum Thema durchgeführt (AUNR 2007). Des Weiteren wurde bereits eine Reihe von Anträgen in den Bundestag eingebracht (Bündnis 90/Die Grünen 2007b; Die Linke 2007b; FDP 2007a u. 2007b), sowie mehrere Anfragen formuliert (Bündnis 90/Die Grünen 2007c u. 2007d; CDU/CSU 2004; FDP 2007c).

Die Bundesregierung hat ihre Position u. a. in der Antwort auf eine Kleine Anfrage dokumentiert (Bundesregierung 2007). Sie rechnet damit, dass die kommerzielle Nutzung von CO_2-Lagerstätten bis etwa 2020 möglich sein könnte. Dies hänge aber von den Ergebnissen laufender FuE-Vorhaben ab. Das Bundesministerium für Bildung und Forschung fördert die CCS-Forschung im Rahmen des »Geotechnologien-Programms«, das Bundesministerium für Wirtschaft und Technologie hat einen Förderschwerpunkt im »COORETEC-Programm«. Das Bundesumweltministerium vertritt die Auffassung, dass »ab spätestens 2020 ... die CCS-Technik zur sicheren Abscheidung und Lagerung von CO_2 Standard für alle neuen fossilen Kraftwerke sein« solle (BMU 2006).

WAHRNEHMUNG BEI STAKEHOLDERN: UMFRAGEERGEBNISSE

In jüngster Zeit wurden zwei Umfragen publiziert, in denen die Einschätzungen von Stakeholdern zur CCS-Technologie untersucht worden sind:

An der Umfrage im Rahmen des Projekts »ACCSEPT« nahmen 511 Stakeholder (von Energieindustrie, Forschung, Regierungen, Parlamentarier und NGOs) aus vielen Ländern Europas teil. Auf die Frage, ob CCS notwendig sei, um die Klimaschutzziele in ihrem Heimatland zu erfüllen, antworteten 40 % »definitiv notwendig«, 35 % »wahrscheinlich notwendig«, 12 % »nur notwendig wenn andere Optionen die in sie gesetzten Erwartungen nicht erfüllen«. Nur ein kleiner Teil der Teilnehmer war der Ansicht, dass CCS »wahrscheinlich nicht notwendig« bzw. »definitiv nicht notwendig« sei (8 % bzw. 4 %). Die Risiken von CCS wurden überwiegend als »moderat« oder sogar »vernachlässigbar« eingeschätzt. Eine relativ große Anzahl (44 %) äußerte die Befürchtung, dass Investitionen in CCS sich negativ auf andere CO_2-arme Technologien auswirken könnten, eine knappe Mehrheit (51 %) war hingegen nicht dieser Ansicht. Eine ähnliche Antwort gab es auf die Frage, welche Auswirkungen CCS im Hinblick auf ein dezentral organisiertes Energiesystem haben könnte.

Interessant ist die Aufschlüsselung der Ergebnisse nach den Stakeholdergruppen: Wie erwartet äußerten sich die Teilnehmer aus der Industrie am positivsten und die von NGOs am skeptischsten in Bezug auf die mögliche Rolle von CCS. Überraschend ist hingegen, dass die Antworten von Wissenschaftlern annähernd so optimistisch wie die von Industrievertretern waren, wohingegen die befragten Parlamentarier eher skeptisch bis pessimistisch antworteten (allerdings beteiligten sich insgesamt nur 21 Parlamentarier an der Umfrage) (ACCSEPT 2007).

Die EU-Kommission hat eine internetbasierte Konsultation »Capturing and storing CO_2 underground – should we be concerned?« durchgeführt. Unter den etwa 800 Teilnehmern – fast alle Klima-/Energiefachleute und überwiegend CCS-Insider (80 %) – gab es auf die Frage, ob CCS als gleichwertig mit anderen Optionen zur Treibhausgasreduktion betrachtet werden könne, ein geteiltes Echo: Etwa 52 % antworteten mit »Ja«, 46 % mit »Nein« (2 % Unentschiedene). Demgegenüber stieß die These »Kernenergie ist eine bessere Lösung für CO_2-arme Stromerzeugung als CCS« auf Ablehnung (62 %, bei 30 % Zustimmung und 8 % Enthaltungen). Sehr große Zustimmung (etwa 70 %) gab es bei folgenden Aussagen: »Vor 2020 sollten alle neuen fossilen Kraftwerke ›capture-ready‹ sein«, »Bald nach 2020 sollten diese ›Capture-ready‹-Kraftwerke nachgerüstet werden« sowie »Ab 2020 sollten alle neuen Kohlekraftwerke mit CCS ausgerüstet werden«. Noch größeres Einvernehmen (mehr als 75 %) bestand in Bezug auf die Frage, ob die EU bis 2015 zwölf große Demonstrationsprojekte fördern solle (EU-Kommission 2007d).

WAHRNEHMUNG IN DER ÖFFENTLICHKEIT

Obwohl die Debatte um CCS in Fachkreisen in letzter Zeit an Intensität und Dynamik stark zunimmt, scheint das Thema in der breiten Öffentlichkeit noch kaum angekommen zu sein. Wie repräsentative Umfragen zeigen, haben nur etwa 5 bis 10 % der Bevölkerung (in den USA, Japan, Großbritannien und Schweden) überhaupt von CO_2-Abscheidung und -Lagerung gehört und von diesen konnte nur eine kleine Minderheit das Umweltproblem, das CCS reduzieren helfen soll, korrekt identifizieren (MIT 2007b; Reiner et al. 2006). Es wurde die Tendenz nachgewiesen, dass die Zustimmung zu CCS deutlich zunimmt, wenn zusätzliche Informationen über die Technologie und deren Zusammenhang mit Treibhauseffekt und Klimawandel angeboten werden. So stieg beispielsweise der Anteil der Teilnehmer, die CCS positiv gegenüberstanden von 13 % auf 55 %, wenn entsprechende Erläuterungen gegeben wurden. Zwar war die Zustimmung für Erneuerbare Energien (90 %) noch höher, aber CCS schnitt dann deutlich besser ab als die Kernenergie (24 %) (ETP ZEP 2006b).

Aufgrund dieses geringen Kenntnisstandes in der Öffentlichkeit ist es verständlich, dass es zurzeit noch keine breite Diskussion über CCS gibt. Für die Meinungsbildung in der Öffentlichkeit könnte sich daher der Erfolg oder Misserfolg der ersten CCS-Projekte als richtungsweisend darstellen.

FÖRDERUNG DER AKZEPTANZ   2.

Die gesetzlich vorgeschriebenen Maßnahmen zur Öffentlichkeitsbeteiligung, wie sie z. B. im Rahmen von Genehmigungsverfahren angewendet werden, besitzen zwar den Vorteil, dass ihre Einbindung in das Verfahren und ihre Bindungswirkung im Vorfeld bekannt und klar definiert sind.[20] Ein großer Nachteil ist jedoch, dass die Maßnahmen zur Beteiligung der Öffentlichkeit erst im relativ fortgeschrittenen Planungsstadium einsetzen, in dem bereits viele Details der Realisierung einer Anlage oder Maßnahme vom Antragsteller ausgearbeitet sind. Sie betreffen somit ein Stadium, in dem viele Entscheidungen, insbesondere grundsätzliche Erwägungen, ob, wie und wo eine Maßnahme realisiert werden soll, schon getroffen sind.

Die Erfahrungen bei der Umsetzung von Großvorhaben zeigen, dass neben den formalen Planungs- und Genehmigungsabläufen eine umfassende Informations- und Beteiligungsstrategie sinnvoll ist. Innovative Maßnahmen zur Information und Beteiligung (z. B. Mediationsverfahren) wurden verschiedentlich bei der Zulassung von Großvorhaben realisiert, beispielsweise im Zusammenhang mit der Erweiterung der Flughäfen Frankfurt und Wien sowie bei der Suche nach Standorten für Endlager für radioaktive Abfälle in verschiedenen Ländern (z. B. Belgien, Schweiz, Schweden, Finnland) (Öko Institut 2007, S. 148 ff.).

Im Folgenden wird ein Vorschlag für einen nationalen standortunabhängigen Beteiligungsprozess in enger Verzahnung mit regionalen Aktivitäten entwickelt. Im Hinblick auf den fortgeschrittenen Zeitplan für anstehende Aufsuch- und Pilotvorhaben besteht für die Initiierung eines derartigen Prozesses dringender Handlungsbedarf. Diese Auffassung wurde von allen Beteiligten des Expertenworkshops, der am 18. Januar 2007 vom TAB durchgeführt wurde, geteilt.

---

20 Dieses Kapitel stützt sich wesentlich auf das vom TAB in Auftrag gegebene Gutachten des Öko-Instituts (Öko-Institut 2007).

Durch den nationalen Beteiligungsprozess soll ein gesellschaftlicher bzw. politischer Diskurs zu CCS angestoßen und damit das Thema möglichst in der öffentlichen Wahrnehmung verankert werden, bevor eine Konkretisierung der Planungen in Bezug auf potenzielle Standortregionen erfolgt. Damit würden der Informationsstand in der Öffentlichkeit und die Transparenz des Verfahrens erhöht. Eine weitere Aufgabe wäre es, ein möglichst weitgehendes Einvernehmen zwischen den Stakeholdern anzustreben und Fragen der Ausgestaltung, Zuständigkeiten, Beteiligung und Finanzierung des weiteren Verfahrens zu klären.

Ein erster, zügig anzustrebender Meilenstein wäre die Verständigung der Stakeholder über die Bedeutung von CCS bei der Umsetzung der Klimaschutzziele. Eine breit getragene Übereinkunft über die Rolle von CCS im Portefeuille der Klimaschutzmaßnahmen würde eine belastbare Grundlage darstellen

> für die Erarbeitung von Empfehlungen zu grundlegenden Anforderungen an die Nutzung von CCS (z. B. rechtlicher Rahmen, Schutzziele, Sicherheitskriterien, Haftung und Monitoring, Umgang mit potenziellen Nutzungskonflikten sowie der Bewertung von CCS im Emissionshandel) sowie
> für klare Signale von politischer Seite zur Umsetzung dieser Strategie.

Eine mögliche Organisationsform für diesen Verständigungsprozess wäre ein nationales »CCS-Forum«. Derzeit ist die Zahl der Stakeholder, die auf der nationalen Ebene aktiv in den Diskurs um CCS involviert sind, vergleichsweise klein. Dementsprechend sollte es möglich sein, alle relevanten Meinungen in einem ca. 20-köpfigen Forum zusammenzubringen. Neben der Definition der genauen Rollen- und Zuständigkeitsverteilung wäre die Frage, wer als Initiator bzw. Träger eines solchen Forums fungieren könnte, als erstes zu klären. Da die Neutralität eine wesentliche Voraussetzung für die Glaubwürdigkeit und den Erfolg eines solchen Gremiums ist, sind die zukünftigen Betreiber/Antragsteller von CCS-Anlagen nicht als Initiator prädestiniert. Als Institutionen, die hierfür eher in Betracht kommen, wurden im Rahmen des TAB-Expertenworkshops das BMU (bzw. das UBA), das Forum für Zukunftsenergien, der COORETEC Beirat oder der Nachhaltigkeitsrat vorgeschlagen. Denkbar wäre auch, das Forum als unabhängiges Gremium direkt beim Kanzleramt anzusiedeln, da die Belange unterschiedlicher Ressorts tangiert sind. Hilfreich wäre sicherlich, wenn eine prominente auch in die Öffentlichkeit positiv hineinwirkende Persönlichkeit für den Vorsitz des Forums gewonnen werden könnte.

Eine fachlich vertiefte Behandlung möglicher Beratungsthemen legt die Einrichtung kleinerer Arbeitsgruppen zu spezifischen Themenschwerpunkten nahe, die ihre Ergebnisse in das CCS-Forum einbringen. Eine solche Arbeitsweise empfiehlt sich auch aufgrund des engen Zeitrahmens, der für den nationalen Beteiligungsprozess zur Verfügung steht, da in diesem Rahmen grundlegende Fragestellungen zu klären wären, bevor Aktivitäten in einzelnen Regionen aufgenommen werden.

Darüber hinaus sollte das nationale Beteiligungsverfahren durch Informationsaktivitäten für die allgemeine Öffentlichkeit begleitet sein, die die Rolle von CCS zur Erreichung der Klimaziele und andere wichtige Aspekte thematisieren. Gerade weil sich in der Öffentlichkeit noch keine klaren Positionen zu CCS gebildet haben, liegt hier ein großes Potenzial, durch umfassende, zielgruppengerechte Information sowie einen fairen transparenten Prozess das Vertrauen der Öffentlichkeit zu gewinnen und die Akzeptanz für geplante Maßnahmen zu entwickeln.

Da es bekanntermaßen einen großen Unterschied ausmacht, ob man prinzipiell für ein bestimmtes Vorhaben ist oder aber für dessen Realisierung in der direkten Nachbarschaft (sog. NIMBY-Phänomen: »not in my backyard«), ist es von höchster Relevanz, einen regionalen Beteiligungsprozess anzustoßen, bevor konkrete Standortentscheidungen anstehen oder gar bereits getroffen wurden. Beteiligungsprozesse sind daher aus heutiger Sicht insbesondere in den Regionen zu etablieren, in denen Aktivitäten im Hinblick auf eine (potenzielle) kommerzielle Nutzung zur CO_2-Lager im Untergrund vorgesehen sind. Diese Aktivitäten beginnen mit der Phase der Aufsuchung geeigneter Standorte, die bereits relativ zeitnah zu erwarten ist.

Die Realisierung von Pilotprojekten wird möglicherweise in einer betroffenen Region weniger kritisch beurteilt, sodass hier ggf. reduzierte Anforderungen an die Akzeptanz bestehen. Dabei sollte jedoch die mögliche präjudizierende Wirkung von Pilotvorhaben für die spätere kommerzielle Nutzung berücksichtigt werden.

Der Prozess sollte daher durch vorbereitende und flankierende Maßnahmen auf der nationalen Ebene und klare politische Signale zur Notwendigkeit der CCS-Nutzung unterstützt werden. Folgende Maßnahmen könnten Eckpfeiler eines regionalen Beteiligungsprozesses sein:

> Ziel des Beteiligungsprozesses für die kommerzielle Nutzung von CCS ist die Formulierung von standortspezifischen Anforderungen an die Realisierung aus regionaler Sicht und die Verhandlung von Kompensationsmaßnahmen.
> Die betroffene/zu beteiligende Region ist differenziert nach dem Gebiet in der Umgebung der Verpressungseinrichtungen sowie den weiteren Gebieten oberhalb der großflächigen Speicherformation zu ermitteln. Die Größe und Lage der zu beteiligenden Region orientiert sich an den potenziell denkbaren Auswirkungen des Vorhabens und ergibt sich unter Berücksichtigung von Lage und räumlicher Erstreckung der potenziell geeigneten Region.
> Die allgemeine Öffentlichkeit wird z.B. durch Broschüren, Internetangebote, Medien und Infoveranstaltungen informiert und durch Diskussionsveranstaltungen, Bürgerforen und Dialoge mit allen interessierten Bürgern zu spezifischen Themenschwerpunkten aktiv in das Verfahren einbezogen.

Bei der Entscheidung über den Umfang und die Intensität von Beteiligungsmaß-
nahmen ist zu berücksichtigen, dass eine spezifische Eigenschaft der CO_2-Speiche-
rung in der flächenmäßig großen Ausdehnung der potenziellen Speicherreser-
voirs besteht. Eine geologische Formation kann sich über eine Fläche von mehr
als 100 km² erstrecken. Damit ist prinzipiell eine entsprechende Region oberhalb
dieser Formation potenziell betroffen, auch wenn aus wissenschaftlicher Sicht
Auswirkungen auf Mensch oder die Umwelt auszuschließen sind. Bei fehlender
Akzeptanz kann dies dazu führen, dass eine Vielzahl von Einwendungen gegen
ein Vorhaben erhoben wird (erfahrungsgemäß kann deren Anzahl in Größen-
ordnungen von 100.000 und mehr vorstoßen, wie z. b. beim Ausbau des Flugha-
fens Berlin-Schönefeld) und durch Nutzung von Klagemöglichkeiten Entscheidungen erheblich verzögert werden. Unter diesem Gesichtspunkt ist frühzeitig
abzuwägen, in welchen Gebieten einer potenziellen Standortregion der aktive
Informationsaustausch mit Bevölkerung und Stakeholdern gesucht werden sollte,
um den Umfang möglicher Interventionen zu minimieren und eine möglichst
einvernehmliche Realisierung des Vorhabens zu erreichen.

Für die Erprobung, Einführung und Verbreitung der CCS-Technologie muss ein geeigneter Regulierungsrahmen geschaffen werden, der gleichzeitig drei Zielsetzungen verfolgen sollte: erstens die Bedingungen für die *Zulässigkeit* der verschiedenen Komponenten der CCS-Technologie (Abscheidung, Transport, Lagerung) schaffen, zweitens *Anreize* dafür setzen, dass Investitionen in die CCS-Technologie getätigt werden und drittens sicherstellen, dass CCS nicht an mangelnder *Akzeptanz* allgemein und vor allem an den Standorten von Ablagerungsanlagen scheitert.

Im Folgenden wird zunächst erörtert, welche Aufgaben ein Rechtsrahmen für CCS erfüllen sollte, im Anschluss daran wird analysiert, welche Vorgaben die derzeit existierenden Gesetze und Verordnungen machen und welche Defizite im Hinblick auf die Regulierung von CCS bestehen. Schließlich wird aufgezeigt, wie der zukünftige Rechtsrahmen für CCS ausgestaltet werden könnte. Dabei wird vorausgesetzt, dass ein öffentliches Interesse an der Weiterentwicklung und dem Einsatz von CCS besteht – vor allem aus Gründen des Klimaschutzes. Es ist allerdings nicht auszuschließen, dass diese Annahme im Lichte zukünftiger Erfahrungen und Erkenntnisse modifiziert oder sogar revidiert werden könnte. Die Darstellung stützt sich wesentlich auf das vom TAB in Auftrag gegebene Gutachten des Öko-Instituts (Öko-Institut 2007).

AUFGABEN UND ZIELE EINES RECHTSRAHMENS FÜR CCS 1.

Unabhängig von der Frage, wie die Ausgestaltung eines zukünftigen Rechtsrahmens für CCS erfolgt, sollte dieser die folgenden generellen Aufgaben und Ziele verfolgen (s. a. die Überlegungen in OECD/IEA 2007, S. 25 ff.):

> Die rechtlichen Voraussetzungen müssen geschaffen werden, damit CCS in Deutschland als eine Option zur Erreichung der Klimaschutzziele realisiert werden kann.
> Die Attraktivität von CCS für private Vorhabensträger sollte so wenig wie möglich eingeschränkt bzw. durch das Setzen von Anreizen gefördert werden.
> Es muss geklärt werden, wie die bestehenden Interdependenzen zwischen Abscheidung, Transport und Ablagerung regulatorisch berücksichtigt werden können.

Nach derzeitigem Recht gibt es weder ein Verfahren für die *Standorterkundung* von Ablagerungsstätten noch für die *Ablagerung* von CO_2. Das zu schaffende Regelwerk hätte deshalb:

> Forschungs-/Entwicklungs- und Erprobungsvorhaben kurzfristig zu ermögli-
  chen, damit weitere Erkenntnisse für die großtechnische Nutzung gewonnen
  und noch bestehende Unsicherheiten beseitigt werden (z. B. über das Verhalten
  des CO_2 im Untergrund nach der Injektion und Risiken der CO_2-Ablagerung);
> sicherzustellen, dass Vorhaben nur zulassungsfähig sind, wenn Gefahren für
  Mensch und Umwelt ausgeschlossen sind bzw. ausreichende Maßnahmen zur
  Verhinderung getroffen werden;
> bei der konkreten untertägigen Standorterkundung der potenziell geeigneten
  CO_2-Ablagerungsstätten Nutzungskonflikte mit Grundstückeigentümern und
  konkurrierenden Vorhaben zu lösen – vor dem Hintergrund, dass die Ablagerungsstätten eine Flächenausdehnung von vielen Quadratkilometern erreichen
  können;
> einen Beitrag zur Vertrauensbildung und Akzeptanz der CCS-Technologie zu
  leisten, insbesondere durch die frühzeitige Beteiligung öffentlicher und privater
  Interessenträger und der Öffentlichkeit sowie die Abwägung aller öffentlichen
  und privaten Belange im Zulassungsverfahren.

Ferner müsste der Rechtsrahmen bestehende Regelungsunsicherheiten bzw. -lü-
cken beseitigen, z. B. bei der Einstufung von CO_2 als Abfall, der Haftung für In-
dividual- und Umweltschäden durch CCS-Vorhaben oder der Anwendbarkeit
von Umweltverträglichkeitsprüfungen. Durch eine klare Definition der Rechte
und Pflichten aller beteiligten Akteure sollte ein Höchstmaß an Rechtssicherheit
für die Entwicklung und Markteinführung der CCS-Technologie geschaffen
werden.

Der Gestaltungsspielraum des nationalen Gesetzgebers wird teilweise durch internationale Verpflichtungen und europäische Regelungen vorgeprägt. In der EU
sind derzeit Aktivitäten zur Entwicklung gemeinsamer europäischer Standpunkte
bei der Regulierung von CCS-Vorhaben im Gange (EU-Kommission 2007b, S. 8 f.).
Selbstverständlich sind die normativen Maßstäbe des europäischen und nationalen Rechts zu berücksichtigen, u. a. das Vorsorgeprinzip, das Verursacherprinzip, die Gefahrenabwehr sowie eine hinreichende Öffentlichkeitsbeteiligung.

ANALYSE DES DERZEITIGEN RECHTSRAHMENS   2.

Die gegenwärtige Rechtslage enthält keinerlei Regelungen, die explizit für die
CCS-Technologie geschaffen wurden oder ausschließlich auf diese Technologie
anwendbar sind. Der Regelungsbestand ist vielmehr dadurch gekennzeichnet,
dass jeweils einzelne (umwelt)rechtliche Vorschriften auch verschiedene CCS-Tat-
bestände erfassen würden. Dies führt einerseits zu *Abgrenzungsschwierigkeiten*
zwischen den bestehenden Regelungsbereichen, sodass die Anwendungsbereiche
der in Betracht kommenden Gesetze genau zu prüfen sind. Andererseits bestehen

Regelungslücken, die geschlossen werden müssen, um adäquate rechtliche Standards bei der Anwendung der CCS-Technologie zu gewährleisten. Einen Überblick über die relevanten und im Folgenden genauer untersuchten gesetzlichen Regelungsbereiche für die gesamte Technologiekette von CCS (Abscheidung, Transport, Injektion und Lagerung) gibt Tabelle 8.

TAB. 8	FÜR DIE CCS-TECHNOLOGIEKETTE RELEVANTE REGELUNGSBEREICHE		
Vorgang	**berührte Regelungs- bereiche**	**einschlägige Gesetze/ Verordnungen**	**Einschätzung**
Abscheidung			
	Immissionsschutz	BImSchG/BImSchV	Bau von Abscheidungsanlagen bedarf der Genehmigung
	Umgang mit Abfall	KrW-/AbfG	anzuwenden, falls CO_2 als Abfall eingestuft wird
Transport			
	Transport von Abfall	KrW-/AbfG	anzuwenden, falls CO_2 als Abfall eingestuft wird
Seetransport	Gefahrgüter auf See	GGVSee	ist anzuwenden
Pipeline	Umweltverträglichkeit	UVPG	legt allgemeinen Schutzmaßstab fest
	Sicherheit von Rohrleitungen	RohrFLtgV	ist anzuwenden
Injektion und Lagerung			
	Bergbau u.ä. Aktivi- täten unter Tage	BBergG/UVP-V	in derzeitiger Form nicht anwendbar
	Umgang mit Abfall	KrW-/AbfG	anzuwenden, falls CO_2 als Abfall eingestuft wird
	Immissionsschutz	BImSchG/BImSchV	Vorschriften für nicht- genehmigungsbedürftige Anlagen anwendbar
	Gewässer-/ Grundwasserschutz	WHG/GrWV	Einleitung von CO_2 bedarf der Genehmigung
	Bodenschutz	BBodSchG	ggf. anwendbar

Quelle: eigene Zusammenstellung

ABSCHEIDUNG VON CO_2 2.1

IMMISSIONSSCHUTZ

Der Neubau eines Kraftwerks bzw. einer Industrieanlage bedarf einer Genehmigung nach dem Bundes-Immissionsschutzgesetz (BImSchG). Eine damit verbundene Anlage zur CO_2-Abscheidung ist als umweltrelevante Nebeneinrichtung einzustufen und damit von den Genehmigungsvoraussetzungen (§ 6 Abs. 1 BImSchG) voll erfasst. Bei der nachträglichen Errichtung (Nachrüstung) einer CO_2-Abscheidungsanlage muss zunächst geprüft werden, ob dies eine wesentliche Änderung der Anlage (§ 16 Abs. 1 BImSchG) darstellt. Wenn dies der Fall ist, werden eine Genehmigungspflicht und die Beachtung der einschlägigen Schutz- und Vorsorgepflichten ausgelöst.

Eine Definition des Stands der Technik zur CO_2-Abscheidung im untergesetzlichen Regelwerk existiert bislang nicht und müsste für die großmaßstäbliche Anwendung von CCS dringend erarbeitet werden.

ABFALLRECHT

Zur Beantwortung der Frage, ob beim weiteren Umgang mit CO_2 nach der Abscheidung (Transport, Einbringung und Ablagerung) das Abfallrecht greift, muss zunächst dessen rechtlicher Status geklärt werden: Handelt es sich um Abfall oder aber um eine Emission bzw. ein Produkt? Diese Einordnung zieht unmittelbare Rechtsfolgen nach sich: Wird CO_2 als Abfall eingestuft, hat dies u. a. zur Folge, dass beim Transport abfallrechtliche Vorschriften[21] zu beachten sind und die Errichtung von Anlagen zur Einbringung und Ablagerung von CO_2 ggf. einem Planfeststellungsverfahren[22] unterworfen ist.

Nach der Definition des Abfallbegriffs im deutschen Recht (§ 3 Abs. 1 S. 1 KrW-/AbfG) (der maßgeblich durch das EG-Recht geprägt ist[23]) sind Abfälle:

> alle »beweglichen Sachen«,
> die unter die im Gesetz[24] aufgeführten Abfallgruppen fallen und
> deren sich der Besitzer entledigt oder entledigen will (subjektiver Abfallbegriff) oder
> deren sich der Besitzer entledigen muss (objektiver Abfallbegriff).

---

21 Siehe die Regelungen zur Überwachung von Abfällen in § 40 Abs. 1 KrW-/AbfG; die Verordnung (EWG) Nr. 259/93 zur Überwachung und Kontrolle der Verbringung von Abfällen innerhalb der, in die und aus der Europäischen Gemeinschaft (ABl. L 30 vom 6.2.1993, S. 1–28) sowie das Abfallverbringungsgesetz vom 30.9.1994, BGBl. I, S. 2771; zuletzt geändert durch Verordnung vom 31.10.2006, BGBl. I, S. 2407.
22 Wenn die Anlage als Abfallbeseitigungsanlage nach § 30 ff. KrW-/AbfG eingestuft wird.
23 Vergleiche die Definition des Abfallbegriffs in Artikel 3 lit. a der Richtlinie 2006/12/EG.
24 Anhang I zu § 3 Abs. 1 KrW-/AbfG.

CO_2 in gasförmiger Form ohne jedes Behältnis ist keine Sache im Sinne des Gesetzes (§ 90 BGB). CO_2 ist rechtlich als Sache zu behandeln, sofern es räumlich abgrenzbar ist (also z. b. von einem Behälter umschlossen ist) oder sofern es in verflüssigter Form vorliegt. Den Entledigungswillen unterstellt, sind also verflüssigtes CO_2 und gasförmiges CO_2 in Behältern Abfall im Sinne des Abfallgesetzes (§ 3 Abs. 1 KrW-/AbfG). Falls das CO_2 durch Schadstoffe verunreinigt ist und damit ein Gefährdungspotenzial darstellt, käme der objektive Abfallbegriff (s.o.) zur Anwendung.

EXKURS: RECHTLICHER STATUS DES CO_2 IN BESTEHENDEN PROJEKTEN ZUR CO_2-LAGERUNG IM IN- UND AUSLAND

> Im CO_2SINK-Projekt in Ketzin (bei Potsdam) wurde nicht spezifiziert, ob das injizierte CO_2 als industrielles Erzeugnis oder als Abfallprodukt behandelt werden soll, da es sich nur um eine vergleichsweise kleine Menge handelt (insgesamt 60.000 t CO_2 in Lebensmittelqualität).
> Für das geplante australische Projekt Gorgon wird das CO_2 als Nebenprodukt der Verarbeitung von Gas betrachtet.
> Im Projekt In Salah (Algerien) gilt das CO_2 als Industrieprodukt, ebenso im Projekt RECOPOL (Polen).
> Das Sleipner-Projekt (Norwegen) definiert das CO_2 als industrielles Erzeugnis, da es als Resultat industrieller Aktivitäten anfällt. Dies war allerdings – wegen der Intention der Langzeitspeicherung – umstritten.

Quelle: OECD/IEA 2007, S. 29

Pipelines sind nicht als Behälter im Sinne des Gesetzes (§ 2 Abs. 2 Nr. 5 KrW-/AbfG) anzusehen. Sollte also gasförmiges CO_2 in einer Pipeline transportiert werden, so wäre das Abfallrecht nicht anwendbar. Auch für die Ablagerung des CO_2 hat die Differenzierung Konsequenzen: Eine Ablagerung von gasförmigem CO_2 ohne Behälter würde nicht dem Abfallregime unterliegen, eine Ablagerung in verflüssigter Form hingegen schon.

TAB. 9	ABFALLRECHTLICHE EINSTUFUNG VON CO_2
Spezifikation	**abfallrechtliche Einstufung**
gasförmiges CO_2 (ungefasst)	Abfallrecht nicht anwendbar
gasförmiges CO_2 in Behältern	Abfallrecht anwendbar
flüssiges CO_2	Abfallrecht anwendbar
überkritisches CO_2 (flüssig oder gasförmig)	unklar

Quelle: Öko-Institut 2007

Allerdings ist für den Transport (und auch die Ablagerung) aus technischer Sicht der überkritische Zustand am besten geeignet. Ob dieser Aggregatzustand dem flüssigen oder dem gasförmigen Zustand gleichzustellen ist, bedarf dringend einer rechtlichen Klärung (Tab. 9).

TRANSPORT VON CO_2 2.2

Je nachdem, welcher Transportmodus gewählt wird, sind unterschiedliche Regelungen zu beachten. Im Folgenden wird nur der Pipelinetransport sowie der Überseetransport mit dem Schiff näher beleuchtet, da absehbar ist, dass andere Optionen (Tank-LKW, Binnenschiff) keine größere Rolle spielen werden.

Im Falle eines *Schiffstransports* ist den Sicherheitsanforderungen der Gefahrgutverordnung See (GGVSee) Rechnung zu tragen, da CO_2 als gefährliches Gut im Sinne dieser Verordnung einzustufen ist. Für den *Pipelinetransport* von CO_2 sind die allgemeinen Schutzmaßstäbe im Gesetz über die Umweltverträglichkeitsprüfung (§§ 20 ff. UVPG) geregelt, die durch die Verordnung über Rohrfernleitungsanlagen (RohrFLtgV)[25] konkretisiert werden. Auf jeden Fall müssen beim Transport von großen Mengen CO_2 in Pipelines durch dicht besiedeltes Gebiet die bestehenden Regelungen für den Transport von Gasen hinsichtlich der Anforderungen an Sicherheit und Rückhaltefähigkeit überprüft werden.

EINBRINGUNG UND ABLAGERUNG VON CO_2 2.3

Bei der Injektion und Ablagerung von CO_2 sind zahlreiche Fragestellungen aus unterschiedlichen Rechtsgebieten zu klären. Hierzu gehören Immissionsschutzrecht, Abfallrecht und Bergrecht ebenso wie wasser- und bodenschutzrechtliche Aspekte. Gegebenenfalls sind auch völkerrechtliche Vorgaben zu beachten.

VÖLKERRECHTLICHE VORGABEN   2.3.1

Das Völkerrecht ist vor allem bei der Ablagerung des CO_2 in Meeresbodenschichten relevant. Die Ablagerung an Land erfolgt auf nationalem Gebiet, wo nationales Recht anzuwenden ist.[26] Bei den für Deutschland relevanten Abkommen handelt es sich um das Londoner Übereinkommen und das dazugehörige Protokoll, das Übereinkommen über den Schutz der Meeresumwelt des Nord-

---

25 Es könnte auch die Verordnung über Gashochdruckleitungen (GasHDrLtgV) Anwendung finden, falls der Transport des CO_2 in Gasversorgungsnetzen der Energieversorgungsunternehmen erfolgen soll.

26 Nationales Recht erstreckt sich auch auf das Küstenmeer bzw. den Festlandsockel. Bei grenzüberschreitenden Projekten muss eine bilaterale Abstimmung erfolgen.

ostatlantiks (OSPAR) sowie das Übereinkommen über den Schutz der Meeresumwelt des Ostseegebiets (Helsinki Konvention, HELCOM).

Da diese Abkommen geschlossen wurden, lange bevor CCS als Klimaschutzmaßnahme in Betracht gezogen wurde, war zunächst unklar, ob die CO_2-Lagerung in tiefen geologischen Schichten unter dem Meeresboden völkerrechtlich zulässig wäre. Dieser Klärungsbedarf wurde frühzeitig erkannt[27] und vor Kurzem wurden sowohl das Londoner Protokoll als auch OSPAR entsprechend ergänzt.

Das Londoner Übereinkommen über die Verhütung der Meeresverschmutzung durch das Einbringen von Abfällen und anderen Stoffen (Londoner Übereinkommen) soll die Verschmutzung des Meeres durch an Land produzierten Abfall verringern. Das dazugehörige Protokoll stellt keine bloße Ergänzung des Londoner Übereinkommens dar, sondern ersetzt für die Vertragsstaaten, die es ratifiziert haben, das Londoner Übereinkommen (bis heute 31 Länder einschließlich Deutschland).[28] Das Londoner Protokoll verbietet das Einbringen (»dumping«) von Industrieabfällen ins Meer von Schiffen und Offshoreplattformen aus. Eingeschlossen sind der Meeresboden und der Untergrund (»subsoil«). Die Einleitung über Rohrleitungen von Land aus wäre erlaubt, wenn auch unter der Voraussetzung, dass die Einleitung genehmigungspflichtig ausgestaltet wird und Regelungen getroffen werden, die eine Verschmutzung der Meeresumwelt vermeiden.

Da CO_2 nicht auf der Positivliste der Stoffe stand, für die eine Erlaubnis zur Einleitung geprüft und ggf. erteilt werden kann[29], war es bis vor Kurzem noch unklar, ob die CO_2-Lagerung in tiefen Meeresbodenschichten nach dem Londoner Protokoll zulässig wäre. Im November 2006 wurde daraufhin die Positivliste ergänzt um »Kohlendioxidströme aus Prozessen der Kohlendioxidabscheidung zur Sequestrierung«. Das CO_2 muss allerdings eine hohe Reinheit[30] aufweisen und darf lediglich Spuren von Substanzen enthalten, die von den Ausgangsstoffen und dem Abscheideprozess herrühren. Keinesfalls dürfen Abfälle oder andere Stoffe hinzugefügt werden, deren man sich auf diese Weise entledigen will. Im November 2007 sollen Richtlinien verabschiedet werden, die sicherstellen sollen, dass bei CCS-Aktivitäten die Ziele des Londoner Protokolls beachtet werden und die kurz- und langfristige Sicherheit der marinen Umwelt gewährleistet bleibt (IMO 2007).

Ebenfalls auf die Rechtsunsicherheit reagiert wurde im Rahmen der OSPAR-Konvention. Die Vertragsstaaten haben im Juni 2007 die offenen Fragen im Hinblick auf die Einlagerung von CO_2 geklärt. Danach ist die Einlagerung im

---

27 Für die Londoner Konvention 2004, für OSPAR 2002.
28 Londoner Übereinkommen über die Verhütung der Meeresverschmutzung durch das Einbringen von Abfällen und anderen Stoffen vom 29. Dezember 1972 sowie das Protokoll vom 7. November 1996 zum Londoner Übereinkommen.
29 Annex 1 des Londoner Protokolls.
30 Allerdings wurde der verwendete Terminus »overwhelmingly« nicht genau definiert.

Meer und auf dem Meeresboden untersagt, die Einlagerung in geologischen Meeresbodenschichten ist zulässig, unterliegt aber strengen Anforderungen (OSPAR 2007).

Im Rahmen von HELCOM sind soweit ersichtlich bislang noch keine Überlegungen angestellt worden, wie CCS-Aktivitäten mit dem Übereinkommen in Einklang zu bringen sind. Da jedoch die OSPAR-Konvention anderen internationalen Abkommen zum Schutz der marinen Umwelt vielfach als Vorbild dient (OECD/IEA 2005, S. 26), ist es nicht unwahrscheinlich, dass die HELCOM-Vertragsstaaten sich auf ein analoges Vorgehen einigen werden.

Insgesamt lässt sich festhalten, dass die Anpassung der völkerrechtlichen Verträge zur Schaffung von Rechtssicherheit für CCS schon weiter fortgeschritten ist, als die entsprechenden Aktivitäten auf nationaler und EU-Ebene.

IMMISSIONSSCHUTZRECHT   2.3.2

Anlagen zur Ablagerung von CO_2 müssen derzeit wohl als nichtgenehmigungsbedürftige Anlagen im Sinne des Bundesimmissionsschutzgesetzes (BImSchG) eingestuft werden.[31] Zwar müssen auch Betreiber von nichtgenehmigungsbedürftigen Anlagen Abwehr- und Schutzpflichten (gemäß §§ 22 bis 25 BImSchG) einhalten, eine Öffentlichkeitsbeteiligung ist hier aber nicht vorgesehen. Es wäre zu prüfen, ob sie aufgrund ihres Gefahrenpotenzials als genehmigungsbedürftige Anlagen eingestuft und in die Durchführungsverordnung (4. BImSchV) aufgenommen werden müssen.

ABFALLRECHT   2.3.3

Gasförmiges CO_2, das nicht in Behältern gefasst ist, fällt nicht unter den Abfallbegriff. Folglich sind abfallrechtliche Genehmigungen nicht erforderlich. Für verflüssigtes CO_2 kommt die Anwendung des Abfallrechts jedoch in Betracht und für den überkritischen Aggregatzustand ist eine Klärung des rechtlichen Status notwendig.

Das Abfallrecht enthält Genehmigungsinstrumente (Planfeststellung für Abfallbehandlungsanlagen) und materielle Vorgaben, z. B. hinsichtlich der Einstufung, Überwachung von Abfall oder der Langzeitsicherheit für eingelagerte Abfälle, die für die Regelung von CCS-Vorhaben genutzt werden könnten. Allerdings ist zu bedenken, dass das Abfallrecht keine Instrumente zur Lösung von für CCS typischen Konflikten enthält (z. B. zur Aufsuchung von Lagerstätten und dabei entstehender Nutzungsrechte oder der Klärung der Rechtsverhältnisse mit den Grundstückseigentümern der Lagerstätten).

---

31 ... da sie nicht im Anhang der 4. BImSchV aufgeführt sind.

BERGRECHT   2.3.4

Der Geltungsbereich des Bundesberggesetzes (BBergG) erstreckt sich auf bergfreie und grundeigene Bodenschätze (einschließlich des Aufsuchens, Gewinnens
und Aufbereitens) (BBergG § 2(1)) sowie auf die Errichtung und den Betrieb von
Untergrundspeichern (inkl. Untersuchung des Untergrundes auf seine Eignung)
(BBergG § 2(2)). Der Begriff der Speicherung im Gesetz hebt auf eine spätere
Wiederverwendung des eingelagerten Stoffes ab und soll der Abgrenzung gegen-
über der Abfallbeseitigung dienen. Eine Wiederverwendung ist für im Unter-
grund gelagertes CO_2 aber im Allgemeinen nicht beabsichtigt. Daher ist das
Bergrecht auf diesem Wege nicht anwendbar. Da CO_2 auch kein Bodenschatz im
Sinne des Bergrechts ist, kann das Bundesberggesetz in der derzeit geltenden
Form nicht auf CCS angewendet werden.

Eine relativ unkomplizierte Möglichkeit, den Geltungsbereich des Bergrechts auf
CCS auszudehnen, bestünde darin, z. B. »*räumlich abgrenzbare Gesteinsformationen, die für die Ablagerung von CO_2 im Rahmen von CCS verwendet werden
können*« als bergfreie Bodenschätze im Bergrecht einzuführen, z. B. durch eine
gesetzliche Fiktion[32] (eine ausführlichere Diskussion dieser Option erfolgt in
Kap. VI.3.1).

WASSERRECHT   2.3.5

Nach dem Wasserhaushaltsgesetz (WHG) sind auch die tieferen Gewässerströme
(Tiefengrundwasser) vom Grundwasserbegriff erfasst. Die Ablagerung des CO_2
sowohl in salinen Aquiferen als auch in Erdgasspeichern würde daher den Tat-
bestand des Einleitens von Stoffen in das Grundwasser erfüllen (§ 3 Abs. 1 Nr. 5
WHG) und demnach einer wasserrechtlichen Genehmigung bedürfen. Die Ertei-
lung einer Erlaubnis zur Einleitung nach dem WHG unterliegt einem strengen
Prüfungsmaßstab. Zu nennen ist hier vor allem das explizite Verschlechterungs-
verbot (§ 33a WHG). Damit soll die Einhaltung der Umweltziele (Vermeidung
nachteiliger Veränderungen des mengenmäßigen und chemischen Zustands des
Grundwassers) gewährleistet werden.

Gleichwohl wäre es sinnvoll, das Wasserrecht punktuell anzupassen, denn gegenwärtig ist die CO_2-Ablagerung in den relevanten, dem Grundwasserschutz die-
nenden Vorschriften nicht explizit genannt. Dieser Mangel könnte sich letztlich
auf die Rechtssicherheit auswirken sowie die Qualität der Prüfung und Überwachung beeinträchtigen. Dabei sollten insbesondere klare Tatbestände definiert

---

32 Auf ähnliche Weise wurde vor Kurzem schon »Erdwärme und die im Zusammenhang
    mit ihrer Gewinnung auftretenden anderen Energien« als bergfreier Bodenschatz defi-
    niert (BBergG § 3(3)2.b).

werden. Dies gilt über die nationalen Grundwasservorschriften hinaus auch für europarechtliche Regelungen.[33]

BODENSCHUTZRECHT   2.3.6

Das Bodenschutzrecht könnte auf CCS-Aktivitäten anwendbar sein. Daraus würden sich für den Betreiber einer Ablagerungsanlage für CO_2 unter anderem Vorsorgepflichten (nach § 7 BBodSchG) ergeben. Vorsorgemaßnahmen können von der zuständigen Behörde angeordnet werden, wenn die Besorgnis einer schädlichen Bodenveränderung besteht. Ein besonderes Augenmerk ist auf eine genaue Abgrenzung zwischen Wasser- und Bodenschutzrecht zu legen, da mit der Errichtung eines eigenständigen gesetzlichen Schutzregimes für den Boden das im Untergrund versickernde Wasser dem Regelungsbereich des Wasserhaushaltsgesetzes entzogen und dem Bodenschutzrecht zugeordnet worden ist (»Bodenlösung« in § 2 Abs. 1 BBodSchG).

VERFAHRENSRECHTLICHE ANFORDERUNGEN   2.4

Nach der gegenwärtigen Rechtslage ist für alle drei Phasen des CCS ein eigenes Verwaltungsverfahren durchzuführen. Für die Genehmigung der Abscheidung kommt in erster Linie ein immissionsschutzrechtliches Genehmigungsverfahren in Betracht. Die Genehmigung des CO_2-Transports ist von der Art der technischen Durchführung abhängig, für die Errichtung und den Betrieb einer Pipeline wäre ein Planfeststellungsverfahren (nach den Grundsätzen der §§ 20 ff. UVPG) durchzuführen. Für die Ablagerung wiederum sind insbesondere das immissionsschutzrechtliche Genehmigungsverfahren oder das berg- bzw. abfallrechtliche Planfeststellungsverfahren in Betracht zu ziehen.

Es böte sich an, CCS-Vorhaben UVP-pflichtig zu machen. Dies wäre eine wichtige Voraussetzung dafür, dass die möglichen Umweltauswirkungen des Vorhabens frühzeitig erkannt sowie ein hohes Maß an Öffentlichkeitsbeteiligung und damit Akzeptanz erreicht werden. Nach der gegenwärtigen Rechtslage bestehen hier allerdings gravierende Lücken. Zwar unterliegen die Errichtung und der Betrieb bergbaulicher Anlagen zur Gewinnung von bergfreien Bodenschätzen (§§ 52 Abs. 2a S. 1, 57c S. 1 Nr. 1 BBergG) einer UVP-Pflicht. Für Anlagen zur unterirdischen Ablagerung von CO_2 sind diese Regelungen jedoch derzeit nicht anwendbar. Hier besteht dringender Klärungsbedarf.[34]

---

33 Einschlägig sind die Wasserrahmenrichtlinie (RL 2000/60/EG, ABl. Nr. L 372 S. 1) sowie die Grundwasserrichtlinie (RL 2006/118/EG, ABl. Nr. L 372 S. 19).
34 Zur Klärung müsste die für die UVP-Pflicht entscheidende Liste im Anhang 1 des UVPG in Bezug auf CCS ergänzt werden.

HAFTUNG FÜR SCHÄDEN BEI ABSCHEIDUNG, TRANSPORT UND LAGERUNG   2.5

Weder für den Ersatz von Umweltschäden noch für den Ersatz von Individualschäden gibt es derzeit ausreichende Haftungsregelungen in Bezug auf CCS.

HAFTUNG BEI UMWELTSCHÄDEN

Mit dem neuen Umweltschadensgesetz (USchadG)[35] wurde die Kategorie des Umweltschadens in das deutsche Recht eingeführt. Hiermit steht eine Schadenskategorie zur Verfügung, die prinzipiell geeignet ist, auch die Schädigung der Umwelt durch die CCS-Technologie in einem Haftungsregime zu erfassen. Gleichwohl reicht das bestehende Instrumentarium noch nicht aus, um alle auftretenden Fragen im Zusammenhang mit einer CCS-Haftung zu klären.

Unklarheiten bestehen unter anderem dabei, für welche Tätigkeiten eine Haftung vorgesehen ist, bei der Deckungsvorsorge und bei der Frage, ob die Verjährungsfrist für Ausgleichsansprüche von 30 Jahren auch für die CCS-Technik gelten soll. Schließlich kann die Ablagerung von CO_2 Auswirkungen für einen sehr langen Zeitraum haben, sodass fraglich ist, ob eine Begrenzung der Haftung auf 30 Jahre angemessen ist. Dies umso mehr, da es nicht einfach sein wird, den genauen Zeitpunkt einer Leckage zu bestimmen. Unklar ist auch, wie damit umzugehen ist, wenn die Leckage zwar vor 30 Jahren entstanden ist, aber auch danach noch CO_2 ausströmt.

HAFTUNG BEI PERSONEN- UND SACHSCHÄDEN

Es bestehen gegenwärtig ebenfalls keine ausreichenden Bestimmungen, um die Haftung bei möglichen Personen- und Sachschäden durch CCS zu regulieren. Für mögliche Ergänzungen käme insbesondere das Umwelthaftungsgesetz (UmweltHG) in Betracht. Klärungsbedarf besteht vor allem im Hinblick auf die unter die Haftung zu subsumierenden CCS-Anlagen und die Zeitdauer der Haftung.

Sowohl für ökologische Schäden als auch für Personen- und Sachschäden gilt der Haftungsausschluss für Schäden, die durch höhere Gewalt oder durch unabwendbare Naturereignisse hervorgerufen werden. Dies könnte problematisch sein, da es unter Umständen unmöglich sein wird zu beweisen, ob z. B. ein Erdbeben auf natürlichem Wege oder durch die CCS-Aktivitäten ausgelöst wurde.

---

35 Gesetz zur Umsetzung der Richtlinie des Europäischen Parlaments und des Rates über die Umwelthaftung zur Vermeidung und Sanierung von Umweltschäden (Umweltschadensgesetz) Bundesgesetzblatt vom 14. Mai 2007, Teil I, 2007, Nr. 19, S. 666 ff.

WAS TUN, DAMIT CCS RECHTLICH ZULÄSSIG IST?   3.

Die Schaffung eines Regulierungsrahmens für CCS bedeutet eine doppelte Herausforderung: Geht man einerseits davon aus, dass im Sinne des Klimaschutzes die zügige Einführung von CCS im industriellen Maßstab im öffentlichen Interesse liegt, so wird es erforderlich sein, kurzfristig erste CCS-Vorhaben zuzulassen, um Erfahrungen mit dieser Technologie zu sammeln. Diese Erfahrungen werden sowohl zur Weiterentwicklung der Technik als auch für die politisch-rechtliche Steuerung benötigt. Es gibt in Deutschland mehrere Unternehmen, die bereits konkrete Vorhaben mit diesem Ziel planen, teilweise im fortgeschrittenen Stadium. Ohne kurzfristige Anpassung des derzeitigen Rechts sind die geplanten Vorhaben jedoch unzulässig.

Andererseits ist eine Regelungskonzeption anzustreben, die alle relevanten Aspekte in den Blick nimmt: die gezielte Nutzung der nur begrenzt vorhandenen Ablagerungskapazitäten, die Berücksichtigung konkurrierender Nutzungsansprüche, die Schaffung von Transparenz, die raumplanerischen Herausforderungen, die Integration in das Klimaschutzregime etc. Eine solche Regelungskonzeption würde wesentlich zur Akzeptanz und Konfliktvermeidung beitragen. Dies erfordert jedoch ausreichend Zeit – aller Erfahrung nach etliche Jahre – für Ausarbeitung, Diskussion, Herbeiführung der Entscheidung und Umsetzung.

Daher bietet sich ein zweistufiges Vorgehen an: Im Zuge einer kurzfristig zu realisierenden Interimslösung sollten die rechtlichen Voraussetzungen geschaffen werden, damit Vorhaben, die überwiegend der Erforschung und Erprobung der CO_2-Ablagerung dienen, zeitnah gestartet werden können. Gleichzeitig sollte ein umfassender Regulierungsrahmen entwickelt und möglichst auf EU-Ebene und international abgestimmt werden, der allen Aspekten der CCS-Technologie Rechnung trägt. Dieser könnte dann die Interimsregulierung ablösen, sobald der großtechnische Einsatz von CCS ansteht.

Damit die Industrie die CCS-Technologie erfolgreich entwickeln und im Markt etablieren kann, ist ein hohes Maß an Planungs- und Rechtssicherheit dringend erforderlich. Daher sollte auch der längerfristige Rechtsrahmen für die CCS-Technologie möglichst frühzeitig absehbar sein, und es sollte beim Übergang zu diesem Rechtsrahmen kein Systemwechsel vollzogen werden.

INTERIMSLÖSUNG ZUR ERMÖGLICHUNG VON
FORSCHUNGS- UND ERPROBUNGSVORHABEN   3.1

Im Folgenden wird eine Möglichkeit skizziert, wie kurzfristig ein Rechtsrahmen geschaffen werden kann, der die Standortsuche und die Ablagerung von CO_2 für Vorhaben, die überwiegend der Erforschung und Erprobung der CO_2-Ablagerung dienen, gestattet. Es werden zum einen Mindestelemente dieser Interimsregelung dargestellt und zum anderen anhand verschiedener Regelungsaspekte begründet, warum eine solche Lösung nicht als dauerhafter Rahmen für CCS im Großmaßstab ausreicht. Daher sollte dieser Interimsrahmen eine klar definierte Geltungsdauer haben, um klarzustellen, dass er durch eine umfassende CCS-Regelungskonzeption abgelöst wird. Die Betonung des Ausnahmecharakters ist insbesondere auch deshalb erforderlich, weil ansonsten die Schaffung von öffentlicher (regionaler) Akzeptanz auch langfristig gefährdet sein kann.

Kernelement eines kurzfristigen Regelungsrahmens wäre die Schaffung eines Zulassungstatbestands im Bergrecht. Ablagerungsstätten für CO_2, wie z. B. saline Aquifere, könnten (ähnlich wie bei der Erdwärme) durch eine Gesetzesfiktion den bergfreien Bodenschätzen gleichgestellt werden. Dies könnte beispielsweise durch die Aufnahme einer entsprechend neuen Nr. 3 in § 3 Abs. 3 BBergG erfolgen: *»räumlich abgrenzbare Gesteinsformationen, die für die Ablagerung von CO_2 im Rahmen von CCS verwendet werden können«.*

Da die Ablagerung von CO_2 in wasserführende Gesteinsschichten als Einleiten von Stoffen in das Grundwasser zu werten ist und damit einer *wasserrechtlichen Erlaubnis* bedarf, ist zu klären, ob bestehende Ausnahmegenehmigungen in der EU-Grundwasserrichtlinie (unter anderem wird die Einleitung von Gas bzw. Flüssiggas zu Speicherzwecken ausdrücklich als Ausnahme genannt) für das Einleiten von CO_2 anwendbar sind oder ob ein neuer Ausnahmetatbestand geschaffen werden sollte. Auf der nationalen Ebene konkretisiert die deutsche Grundwasserverordnung den Umgang mit wassergefährdenden Stoffen. CO_2 ist momentan jedoch nicht vom Anwendungsbereich der Verordnung erfasst. Anders könnte es bei darin enthaltenen Verunreinigungen aussehen, deren Art und Qualität von den eingesetzten Brennstoffen abhängen. Um der Genehmigungsbehörde eine Entscheidungsgrundlage zur Verfügung zu stellen, wäre die Anpassung der Grundwasserverordnung ein gangbarer Weg.

Die entsprechenden *bergrechtlichen* Instrumente zum Aufsuchen und Gewinnen von bergfreien Bodenschätzen stellen ein geeignetes Instrumentarium zur Regelung von Eigentums- und Nutzungskonflikten bei der Erkundung von CO_2-Ablagerungsstätten und der Ablagerung zur Verfügung. Die Bergbauberechtigungen enthalten hierbei insbesondere folgende relevante Regelungen:

> Der Inhaber einer Erlaubnis hat ein ausschließliches Recht zum Aufsuchen in seinem Gebiet und ist so vor konkurrierenden Aufsuchenden geschützt (§ 7 Abs. 1 BBergG).
> Verweigert ein Grundstückseigentümer die Nutzung seines Grundstücks für das Aufsuchen einer geeigneten geologischen Formation, kann die zuständige Behörde bei Vorliegen eines öffentlichen Interesses seine Zustimmung ersetzen (§ 40 Abs. 1 BBergG).

> Die Behörde muss die Erlaubnis zum Aufsuchen von Bodenschätzen versagen, falls Lagerstätten mit Bodenschätzen, die für die Volkswirtschaft von besonderer Bedeutung sind und deren Schutz deshalb im öffentlichen Interesse liegt, beeinträchtigt werden können (§ 11 Nr. 9 BBergG). Dies gilt z. B. für Nutzungskonflikte mit dem Aufsuchen und Gewinnen von Erdgas. Aber auch das Interesse an der Gewinnung von geothermischer Energie – die durch gesetzliche Fiktion einem bergfreien Bodenschatz gleichgestellt ist – müsste mit dem Interesse am Aufsuchen einer CO_2-Lagerstätte abgewogen werden.

> Der Inhaber einer Erlaubnis für das *Aufsuchen* von Bodenschätzen hat aus Gründen des Investitionsschutzes den Vorrang zur *Nutzung* der in der Erlaubnis erfassten Bodenschätze (§ 12 Abs. 2 BBergG).

Der Ansatz, die Erkundung und den Betrieb von CO_2-Ablagerungsstätten über das Bergrecht zu regeln, hätte für die Pflicht zur Erstellung von Betriebsplänen (u. a. Rahmen-, Haupt- und Abschlussbetriebsplan), für die Prüfung der Umweltverträglichkeit von Vorhaben und die Beteiligung der Öffentlichkeit eine Reihe von Auswirkungen.

Für die *Erkundung von CO_2-Ablagerungsstätten* wäre (ebenso wie für das Aufsuchen von Bodenschätzen) kein bergrechtliches Planfeststellungsverfahren vorgeschrieben. Dies hätte zur Folge, dass z. B. eine Öffentlichkeitsbeteiligung oder die Beteiligung von anerkannten Naturschutzverbänden bei der Erkundung nicht vorgesehen wäre (vgl. § 54 Abs. 2 BBergG). Betroffene Gemeinden und Behörden hätten nur das Recht, von der Bergbehörde unterrichtet und angehört zu werden; die Bergbehörde müsste aber ein Einvernehmen für die Entscheidung über den Betriebsplan nicht herbeiführen, sondern würde eigenverantwortlich (nach den Voraussetzungen des § 55 BBergG) entscheiden. Unter bestimmten Umständen wäre für die Erkundung nicht einmal eine Betriebsplanpflicht vorgesehen.[36] Insgesamt entspräche dieses Verfahren kaum einem hohen Standard an Transparenz und Vertrauensbildung.

Für die *Ablagerung von CO_2* wäre ein Rahmenbetriebsplan im Planfeststellungsverfahren nicht zwingend durchzuführen, da dies nicht im Katalog der UVP-pflichtigen Bergbauvorhaben[37] aufgeführt ist. UVP und Öffentlichkeitsbeteiligung sind allerdings wichtige Bausteine für die Schaffung von Vertrauen auf eine ergebnisoffene und sorgfältige Prüfung des Vorhabens. Dies ist gerade bei einer Technologie, über deren Auswirkungen noch kein etablierter Kenntnisstand existiert, ein entscheidender Faktor vor allem auch für die regionale Akzeptanz. Diesem Mangel könnte durch eine entsprechende Ergänzung der UVP-V Bergbau

---

36 Solange nur z. B. folgende Verfahren genutzt werden: geoelektrische oder geochemische Verfahren, die Anfertigung von Luftaufnahmen, Seismik und Tätigkeiten, bei denen zum Eingraben von Aufsuchungsgeräten nur wenig Erdreich abgegraben und sogleich wieder aufgeschüttet wird.

37 In der UVP-V Bergbau.

abgeholfen werden. In diesem Fall wäre eine Öffentlichkeitsbeteiligung durchzuführen und die anerkannten Naturschutzverbände wären zu beteiligen. Darüber hinaus sollten auch Maßnahmen zur Öffentlichkeitsbeteiligung erwogen werden, die über die gesetzlichen Mindestanforderungen hinausgehen (s. hierzu Kap. V »Öffentliche Meinung und Akzeptanz«).

Andere Behörden, wie die Abfall- oder Wasserschutzbehörde, hätten im Genehmigungsverfahren keine Mitentscheidungsbefugnis (Einvernehmen, Zustimmung), sondern die Planfeststellungsbehörde (d.h. das zuständige Bergamt) würde selbstständig unter Anhörung der anderen Fachbehörden entscheiden. Angesichts der bedeutenden Belange im Grundwasserschutz und möglicher erheblicher Folgen ist es fraglich, ob eine Regelung der Zulassung der Ablagerung, die nicht das Einvernehmen mit der Wasserbehörde vorsieht, angemessen ist.

Darüber hinaus birgt die skizzierte Interimslösung im Rahmen des bisherigen Bergrechts die Gefahr, dass die Standorterkundung und -nutzung für CO_2-Ablagerungsstätten nach dem »Windhundprinzip« durchgeführt werden kann. Dies wäre für Erforschung und Erprobung von CCS zwar akzeptabel. Bei der großmaßstäblichen Anwendung könnte es aber zu einer suboptimalen Verteilung derjenigen unterirdischen geologischen Formationen kommen, die für untereinander konkurrierende Nutzungen infrage kommen. In einem langfristig angelegten Rechtsrahmen müsste dies verhindert werden.

LANGZEITSICHERHEIT

Um die Langzeitrisiken zu minimieren, müssen sowohl für die Standortauswahl von Ablagerungsstätten als auch für deren Betrieb Mindeststandards etabliert werden. Orientierende Hinweise für mögliche CCS-Regelungen in Bezug auf Langzeitsicherheitsnachweise finden sich in den analogen Vorschriften im Atom- und Abfallrecht.[38] Folgende Vorgaben für einen Langzeitsicherheitsnachweis bei der CO_2-Sequestrierung könnten in Betracht gezogen werden:

Zur Untersuchung des Gesamtsystems sollten zunächst einige *Basisinformationen* (unter Beachtung standortspezifischer und regionaler geologischer Gegebenheiten) zu geologischen und hydrogeologischen Verhältnissen (z. B. Grundwasserbewegungen) sowie zur Ablagerungsmöglichkeit, zum Reaktionsverhalten (Löslichkeit, Wechselwirkungen mit anderen Stoffen, Einfluss der Gasbildung, Ausbreitung), zum Einfluss von Mikroorganismen und zu möglichen Entwicklungen (Abtragungen, Erdbewegungen usw.) ermittelt werden. Anhand der Basisinformationen sollte anschließend eine *Sicherheitsanalyse mithilfe von (deterministischen) Modell-*

---

38 Eine gesetzlich niedergelegte Regelung zu Langzeitsicherheitsnachweisen inklusive einer Begriffsbestimmung und von Kriterien für die Durchführung solcher Nachweise findet sich in der sog. Versatzverordnung (Verordnung über den Versatz von Abfällen unter Tage vom 24. Juli 2002, BGBl. I 2002, S. 2833).

rechnungen und ein *Sicherheitskonzept* entwickelt werden. Für den letztendlichen *Nachweis der Langzeitsicherheit* erscheint schließlich eine umfassende Bewertung der natürlichen Barrieren, der technischen Eingriffe auf die natürlichen Barrieren, der technischen Barrieren, der Standsicherheit der Hohlräume, der Ausbreitungsformen- und Geschwindigkeiten des CO_2, möglicherweise gefährdender Ereignisse und deren Folgen sowie eine zusammenfassende Bewertung des Gesamtsystems vonnöten. Alle Untersuchungen und Berechnungen sollten nach dem Stand von Wissenschaft und Technik erfolgen. Darüber hinaus sollten das methodische Vorgehen, die Szenarienwahl sowie die angewandten Modelltechniken und Bewertungsmaßstäbe und auch die Schlüssigkeit der Angaben von unabhängigen Gutachtern überprüft werden.

Über die Einhaltung von Mindeststandards hinaus wäre z. B. der Einsatz von haftungspolitischen Instrumenten zu erwägen, die dem Leckagerisiko Rechnung tragen, damit ein fairer Wettbewerb von CCS mit anderen Optionen zur Emissionsvermeidung (z. B. Steigerung der Energieeffizienz, Erneuerbare Energien) gewährleistet werden kann.

NACHSORGE

Bei der geologischen CO_2-Lagerung müssen die langfristige Sicherheit der Speicherung und die Nachsorge für die Anlagen auch nach dem Ende der operativen Phase gewährleistet sein. Dies ist bereits für erste Erforschungs- und Erprobungsvorhaben sicherzustellen; beim großmaßstäblichen Einsatz der CO_2-Lagerung gewinnt dieser Themenkreis noch erheblich an Bedeutung.

Die Nachsorge nach dem Bergrecht endet entweder nach Durchführung des Abschlussbetriebsplans (§ 53 BBergG) oder durch Anordnung (§ 71 Abs. 3 BBergG). Die Anordnung ergeht »zu dem Zeitpunkt, in dem nach allgemeiner Erfahrung nicht mehr damit zu rechnen ist, dass durch den Betrieb Gefahren für Leben und Gesundheit Dritter, für andere Bergbaubetriebe und für Lagerstätten, deren Schutz im öffentlichen Interesse liegt, oder gemeinschädliche Einwirkungen eintreten werden« (§ 69 Abs. 2 BBergG).[39] Dabei ist zu beachten, dass die Bergaufsicht nach deren Beendigung nicht wieder auflebt, wenn sich nachträglich eine Gefährdung ergibt (Boldt/Weller, Bundesberggesetz, § 69 Rn 19). Eine Nachsorge nach dem Abfallrecht käme nur in Betracht, wenn CO_2-Lager als Abfallbeseitigungsanlagen aufgefasst würden (§ 36 KrW-/AbfG).

Eine der größten rechtlichen Unsicherheiten besteht hinsichtlich der Frage, wer die langfristige Betriebssicherheit der Ablagerungsstätten überwacht (»Monitoring«), welche Behörden diese Überwachung kontrollieren und wer die Kosten der Überwachung trägt (WD 2006, S. 30).

---

39 Wie diese Bestimmung für CCS-Projekte angewendet werden kann, ist fraglich, da eine »allgemeine Erfahrung« (noch) nicht existiert.

GRUNDZÜGE EINES LANGFRISTIGEN REGELUNGSRAHMENS FÜR CCS 3.2

Für die gesetzestechnische Umsetzung eines CCS-Rechts stehen verschiedene Wege offen. So könnte erstens ein eigenes Fachgesetz (»CCS-Gesetz«) für die umfassende Regelung von CCS neu geschaffen werden. Denkbar wäre zweitens die Anpassung der verschiedenen tangierten Fachgesetze durch ein Artikelgesetz. Als dritte Option kommt die Integration in das derzeit in Arbeit befindliche Umweltgesetzbuch (UGB) in Betracht, dessen erste Teile zum Ende dieser Legislaturperiode verabschiedet sein sollen. Jede dieser Möglichkeiten besitzt ihre spezifischen Stärken und Schwächen, sowohl in Bezug auf das Gesetzgebungsverfahren als auch auf die inhaltlichen Aspekte.

Für die Integration in das UGB spricht, dass damit einer weiteren Zersplitterung des Umweltrechts entgegengewirkt würde. Ein weiteres Argument dafür ist, dass die hohen Integrationserfordernisse einer CCS-Regulierung besonders von der ganzheitlichen Konzeption des UGB profitieren könnten. Gegen die Aufnahme in das UGB spricht, dass damit das Vorhaben zur Schaffung eines UGB weiter an Komplexität zunimmt. Aufgrund der Vielzahl von offenen Fragen könnte zudem ein zügiges Voranschreiten der CCS-Gesetzgebung behindert werden, zumal derzeit nur solche Vorhaben im UGB geregelt werden sollen, deren Regulierung in alleiniger Federführung des Bundesumweltministeriums (BMU) liegt.

Die Beantwortung der Frage, ob ein eigenständiges CCS-Gesetz oder ein Artikelgesetz zielführender ist, hängt davon ab, ob man CCS als eigenen Regelungsbereich einschätzt, der dann selbstständig neben dem bisherigen Recht stünde, oder aber als eine Querschnittsmaterie. Im letzteren Fall wäre eine Verschmelzung und Harmonisierung neuer und alter Regelungen im Zuge eines Artikelgesetzes unter Umständen der effektivere Weg.[40] Ein Artikelgesetz würde aber die Änderung einer Vielzahl bestehender Gesetze erfordern, da die drei Elemente Abscheidung, Transport und Ablagerung jeweils in unterschiedlichen Fachgesetzen anzusiedeln wären. Die Berücksichtigung von Abgrenzungsproblemen zwischen einzelnen Rechtsgebieten und -vorschriften würde zur Komplexität eines Artikelgesetzes beitragen. Dies gilt insbesondere für den Umgang mit Nutzungskonkurrenzen und mit Fragen der Raumordnung bei CO_2-Abscheidung und -Ablagerung.

Die Schaffung eines einheitlichen CCS-Gesetzes hätte den Vorzug, dass alle Vorschriften zusammenhängend geregelt würden und sich das Gesetz »aus einem Guss« präsentieren würde. Im Hinblick auf die öffentliche Akzeptanz und Transparenz wäre dies vorteilhaft. Die gegenseitigen Abhängigkeiten der drei

---

40 Als Querschnittsmaterie ist beispielsweise die Hochwasserproblematik angesehen worden, die eine gesetzliche Lösung durch Ergänzung des Wasser- und des Bauplanungsrechts erfahren hat.

Elemente Abscheidung, Transport und Ablagerung könnten in einem CCS-Gesetz besser berücksichtigt werden. Auch für übergreifende Fragen (z. B. Emissionshandel) wäre eine integrierte Betrachtungsweise vorteilhaft. Dies würde allerdings ein hohes Maß an Koordination und Weitsicht erfordern.

Berücksichtigt man politische Randbedingungen und Gesetzgebungsverfahren, so ist der nach der Föderalismusreform in einigen Bereichen gestiegene Einfluss der Bundesländer zu berücksichtigen.[41] Dies gilt jedoch für jegliche Option der gesetzestechnischen Umsetzung.

ECKPUNKTE EINES CCS-GESETZES

Unabhängig davon, welche der oben diskutierten Regelungsoptionen letztendlich präferiert wird, lassen sich die Regelungserfordernisse am klarsten am Beispiel eines CCS-Gesetzes diskutieren. Im Folgenden wird daher ein Vorschlag für Eckpunkte eines CCS-Gesetzes zur Diskussion gestellt. Dieser wurde im Rahmen des TAB-Projekts vom Öko-Institut erarbeitet (Öko-Institut 2007) und auf einem Expertenworkshop am 18. Januar 2006 mit Vertretern aus Wissenschaft, Industrie und Umweltverbänden andiskutiert.

Unter der Voraussetzung, dass sich die langfristige Speicherung von CO_2 in geologischen Formationen als technisch machbar erweist und CCS damit eine Option zum Klimaschutz darstellen kann, müsste ein CCS-Gesetz den folgenden Anforderungen und Zielen Rechnung tragen:

> Feststellung, dass die langfristig sichere Speicherung von CO_2 im öffentlichen Interesse ist.
> Festlegung grundsätzlich als geeignet angesehener Sequestrierungsverfahren und dafür geeigneter Regionen und ggf. konkreter Standorte im Rahmen eines bundesweiten Plans zur Ablagerung von CO_2 (»CCS-Plan«).
> Schaffung eines integrierten Trägerverfahrens unter Beteiligung der Öffentlichkeit für die Zulassung von konkreten CCS-Vorhaben.
> Definition von grundlegenden Anforderungen an Abscheidung, Transport und Ablagerung zur Vorsorge vor Gefahren für die Gesundheit und Umwelt (einschließlich geeigneter Monitoringverfahren).
> Haftungsregelungen für Personen- und Sachschäden Dritter sowie für nichtklimaschutzbezogene Umweltschäden.
> Regelung der Anrechnung der Ablagerung im Rahmen des CO_2-Emissionshandels.

Drei Kernelemente des Vorschlags, der bundesweite CCS-Plan, das integrierte Trägerverfahren sowie die Regelung der Haftung für Schäden werden im Folgenden eingehender diskutiert.

---

41 Eine ausführliche Diskussion der Regelungskompetenz von Bund und Ländern findet sich in Öko-Institut (2007, S. 83 ff. u. 90 ff.).

Der Zweck des vom Bund zu erstellenden CCS-Plans ist die Erleichterung von CCS-Vorhaben gegenüber konkurrierenden Nutzungen. Hierzu werden Regionen bzw. konkrete Standorte, deren geologische Gegebenheiten für eine CO_2-Ablagerung als besonders günstig nachgewiesen wurden, als CCS-»Vorranggebiete« ausgewiesen. Daneben können einfache Nutzungsgebiete definiert werden, die für die Ablagerung von CO_2 prinzipiell geeignet sind.[42] Grundlage hierfür wäre eine gesicherte Datenbasis (»CO_2-Kataster«), die durch gezielte Erkundung des Untergrundes zu schaffen wäre. Grundsätzlich könnte die Erkundung sowohl von privater Seite durchgeführt als auch als staatliche Aufgabe aufgefasst werden. Für die zweite Möglichkeit spricht u. a., dass auf diese Weise die gewonnenen Informationen in vollem Umfang für öffentliche Stellen beim Genehmigungsverfahren, für andere öffentliche Interessen und für spätere Überwachungsaufgaben zur Verfügung stünden. Zudem würde diese Lösung der Annahme gerecht, dass CCS im öffentlichen Interesse liegt und vermeiden, dass Investitionsrisiken für Private sich hemmend auf die zügige Prüfung von konkreten Standorten auswirkt. Eine hierfür geeignete Institution wäre z. B. die Bundesanstalt für Geowissenschaften und Rohstoffe (BGR). Als Vorgabe für die Anzahl und Größe der Vorranggebiete wäre zu überlegen, ob die Definition eines bundesweiten Mengenzieles für die Ablagerung von CO_2 sinnvoll wäre.

Das zweite Kernelement des Regulierungsvorschlags ist die Einführung eines integrierten Trägerverfahrens für CCS, also eines gemeinsamen Genehmigungsverfahrens für alle drei Stufen (Abscheidung, Transport, Lagerung) eines Vorhabens. Dieses würde als Planfeststellungsverfahren mit Konzentrationswirkung ausgestaltet. Mit dem Planfeststellungsbeschluss würden dann u. a. drei Teilgenehmigungen für den Betrieb der Abscheidungsanlage, ggf. Rohrfernleitungen sowie die Ablagerung selbst erteilt. Für ein solches Vorgehen spricht, dass alle tangierten Fachbehörden (Immissionsschutz, Bergbau, Wasser, Bodenschutz, Verkehr, Raumplanung) integriert werden könnten.

Für drei einzelne Verfahren spräche vor allem, dass es sich bei Abscheidung, Transport und Ablagerung des CO_2 um technisch und zeitlich trennbare Vorgänge handelt. Dabei könnte für Abscheidung und Transport auf bestehende und in der Praxis bewährte Genehmigungsverfahren zurückgegriffen werden, sodass nur für die CO_2-Ablagerung ein neues Verfahren zu entwickeln wäre (DEBRIV 2007). Ein Nachteil wäre, dass die Interdependenzen und Schnittstellen der drei Verfahren nicht umfassend berücksichtigt würden. So würde z. B. bei der Genehmigung einer Abscheidungsanlage nicht geprüft, ob Transportwege und Ablagerungskapazitäten im benötigten Umfang zur Verfügung stehen. Dies könnte im Extremfall dazu führen, dass ein Kraftwerk genehmigt und gebaut würde, das Wirkungsgradeinbußen gegenüber einem Kraftwerk ohne Abscheidung

---

42 Eine Analogie wäre z. B. der Bundesverkehrswegeplan (BVWP) mit seiner Einteilung in »vordringlicher« und »weiterer« Bedarf.

aufweist, aber eine tatsächliche Lagerung des abgeschiedenen CO_2 gar nicht stattfände.

Ob der Verfahrensaufwand bei einem integrierten Verfahren oder bei drei getrennten Verfahren letztendlich höher wäre, lässt sich hier nicht abschließend bewerten. Einerseits müsste in einem integrierten Verfahren ein komplexes Technologiefeld in seiner Gesamtheit geprüft und genehmigt werden. Andererseits müssten aber entscheidungsrelevante Genehmigungssachverhalte nur einmalig bewertet werden, was ggf. eine Reduzierung des Verfahrensaufwands zur Folge hätte. Getrennte Verfahren hätten den Nachteil, dass ein erheblicher Abstimmungsaufwand zwischen den Fachbehörden entstehen könnte.

Der Regelung der Haftungsfragen kommt eine gewichtige Rolle zu. Dabei ist ein Dilemma zu lösen: Nach dem Verursacherprinzip sind Betreiber für alle möglichen Schäden, die von Ablagerungsstätten ausgehen, verantwortlich. Bei einer Regelung, die Betreiber auch für langfristige Schäden uneingeschränkt haftbar macht, wäre der Aufwand für die Deckungsvorsorge aber u. U. so hoch, dass die Potenziale von CCS für den Klimaschutz unter wirtschaftlichen Bedingungen nicht umsetzbar sind. Auf der anderen Seite würde eine weniger konsequente Regelung Risiken bzw. Kosten auf die Allgemeinheit überwälzen. Unter anderem könnte dies den Wettbewerb von CCS mit anderen CO_2-armen Erzeugungstechnologien verzerren und die öffentliche Akzeptanz von CCS schwächen (ACCSEPT 2006).

Angesichts der Langfristigkeit der CO_2-Lagerung ist ein Übergang der Haftung von einem privaten Betreiber auf die staatliche Ebene nach einem gewissen Zeitraum und unter bestimmten Bedingungen wohl unabdingbar. Sowohl das Umweltschadensgesetz (USchadG) als auch die Gefährdungstatbestände der zivilrechtlichen Haftung (Verjährung) definieren einen Maximalzeitraum von 30 Jahren. Es ist eingehend zu prüfen, ob es bei der CCS-Haftung eines größeren Zeitraumes bedarf. Unterschiede könnten sich dabei bei der Betrachtung von Individual- und Umweltschäden ergeben. Unter Umständen ist für Umweltschäden ein längerer Betrachtungszeitraum notwendig.

Um auszuschließen, dass aufgrund von Betreiberwechseln und möglichen Insolvenzen die Allgemeinheit (sowie nachfolgende Generationen) die Kosten für Schäden während des Zeitraums der Verursacherhaftung tragen muss, die durch austretendes CO_2 an Menschen und Umwelt entstehen können, ist zu diskutieren, wie eine angemessene Deckungsvorsorge für abgelagertes CO_2 geschaffen werden kann.

Haftungsregelungen für die grenzüberschreitende Verbringung von CO_2 sowie die Ablagerung in internationalem Hoheitsgebiet müssen in internationalen Vereinbarungen festgeschrieben werden (z. B. Londoner Übereinkommen/Protokoll sowie OSPAR). Hierbei ist auch zu klären, ob der CO_2-Emittent oder das Herkunftsland verantwortlich wäre.

WAS TUN, DAMIT CCS ÖKONOMISCH ATTRAKTIV IST? 4.

Eine zentrale Fragestellung ist, welche Anreizmechanismen genutzt bzw. geschaffen werden können, damit sich CCS auch aus der Sicht von privaten Investoren als attraktive Option erweisen und damit auch im Energiesystem zum Tragen kommen kann. Hierfür ist einerseits auf der Ebene des internationalen Klimaschutzregimes zu analysieren, wie für die teilnehmenden Staaten aus der CCS-Technologie Vorteile entstehen können. Andererseits stellt sich die Frage mit welchen Regulierungsansätzen Investoren in Deutschland bzw. in der EU Anreize zur Umsetzung von CCS gegeben werden könnten. Zwischen beiden Ebenen existieren – vor allem im Bereich der sogenannten flexiblen Instrumente des Kyoto-Protokolls und des EU-Emissionshandelssystems – enge Wechselwirkungen, dennoch ist es zweckmäßig, die beiden Ebenen zunächst voneinander getrennt zu analysieren. Unterstellt wird dabei, dass die CCS-Technologiekette zumindest im Rahmen von Demonstrationsvorhaben praktikabel erscheint und die kommerzielle Verfügbarkeit zumindest absehbar ist.

KLIMARAHMENKONVENTION UND KYOTO-PROTOKOLL 4.1

Die Klimarahmenkonvention und das Kyoto-Protokoll bilden die Eckpfeiler für die internationalen Bemühungen zum Klimaschutz. Daher kann CCS nur dann einen Beitrag leisten, wenn die Abscheidung und Ablagerung von CO_2 innerhalb dieser völkerrechtlichen Vereinbarungen als Minderung der CO_2-Emissionen anerkannt wird.

Für die teilnehmenden Industrie- und Transformationsländer (sog. »Annex-I-Staaten«) bestehen im Rahmen des Kyoto-Protokolls quantitative Obergrenzen für ihre CO_2-Emissionen (sog. »Assigned Amount Units«, AAU) für die erste Verpflichtungsperiode (2008–2012). AAU-Zertifikate sind im Internationalen Emissionshandel handelbar. Zusätzlich können die Staaten Emissionsminderungszertifikate aus den sog. projektbasierten Mechanismen »Joint Implementation« (JI, zwischen den verschiedenen Annex-I-Staaten) oder »Clean Development Mechanism« (CDM, zwischen Industriestaaten des Annex I und Entwicklungsländern) erzeugen. Diese können dann zusammen mit den AAU zum Nachweis der Einhaltung der im Kyoto-Protokoll eingegangenen Verpflichtungen eingesetzt werden. Sowohl zur Festlegung der Minderungsziele als auch zur Kontrolle der Verpflichtungserfüllung müssen die Staaten nationale Treibhausgasinventare erstellen, die auf der Grundlage von einheitlichen Richtlinien abgefasst und einem komplexen Überprüfungsprozess unterworfen werden.

Im Bereich des Kyoto-Protokolls (und der Klimarahmenkonvention) stellen sich damit die Fragen,

> wie CCS in den Treibhausgasinventaren berücksichtigt wird (reporting),
> wie CCS zum Nachweis der Verpflichtungserfüllung bewertet wird (accounting),
> wie CCS in den flexiblen Mechanismen des Kyoto-Protokolls behandelt wird.

Die Integration von CCS in das Kyoto-Protokoll wird insbesondere dann schwierig, wenn die Abscheidung und die Ablagerung des CO_2 in unterschiedlichen Ländern erfolgt:

> Am einfachsten ist dies, wenn sowohl das Land, in dem die Abscheidung erfolgt als auch das Land, in dem die Ablagerung durchgeführt wird, quantitativen Emissionszielen unterliegen.
> Nicht unkompliziert ist der Fall, dass beide Länder das Kyoto-Protokoll ratifiziert haben, aber nur eines von beiden sich zu quantifizierten Emissionszielen verpflichtet hat.
> Sehr kompliziert wird es, wenn eines der beiden Länder das Kyoto-Protokoll nicht ratifiziert hat (also eine ähnliche Problematik wie für den Emissionshandel im internationalen Luftverkehr entsteht).
> Für alle drei Fälle sind (pragmatische) Lösungen vorstellbar, in jedem Fall wird sich aus den spezifischen CCS-Problemen spätestens in der Phase der Breitenanwendung die Notwendigkeit von internationalen Verhandlungen ergeben.

Nach der in der Klimarahmenkonvention vorgenommenen Definition von Schlüsselbegriffen wie Emission, Emissionsquelle (»source«), Senke (»sink«), Speicher (»reservoir«) kann die Berücksichtigung von CCS allein über die *vermiedenen Emissionen* erfolgen.[43] Praktisch bedeutet dies, dass

> für den Ort der Abscheidung nur die Restemissionen inventarisiert und für die Verpflichtungserfüllung berücksichtigt werden,
> die Emissionen aus dem nachgelagerten System der CCS-Prozesskette (v.a. Leckagen) gesondert ermittelt und inventarisiert werden müssen.

Das IPCC hat in den kürzlich überarbeiteten Richtlinien Regeln für CCS festgelegt, die erstmals das methodische Vorgehen zur Erfassung der CO_2-Emissionen der CCS-Prozesskette im nationalen Inventar beschreiben (IPCC 2006). Danach sollen die Emissionen an Kraftwerken durch anlagenspezifische Erhebung (Messungen im Abgasstrom) ermittelt werden. Die Emissionen beim CO_2-Pipelinetransport werden mithilfe von Standardemissionsfaktoren berechnet, die aus dem Erdgastransport bekannt sind und auf den CO_2-Transport umgerechnet werden. Bei der CO_2-Injektion in Lagerstätten sind Messungen der Fließrate, der Temperatur und des Druckes am Bohrloch vorgesehen, um die eingelagerte Menge zu bestimmen. Für die Emissionen aus der Lagerstätte (Leckage) können bisher aufgrund des Mangels an empirischen Daten keine Emissionsfaktoren bestimmt werden. Daher sieht das IPCC hier eine Methodologie zur Schätzung

---

43 In der Wissenschaft wird auch die Berücksichtigung über Senken diskutiert (z.B. Bode/ Jung 2004). Diese werden hier nicht weiter thematisiert.

der Emissionen vor, die sich auf ein engmaschiges, auf jedes einzelne Projekt spezifisch zugeschnittenes Monitoringprogramm stützt. Wichtig ist dabei, dass die Konsistenz der gemeldeten Inventare wie auch die Verifizierbarkeit der Daten gesichert werden müssen.

Akzeptierte Methoden für die Berücksichtigung von CCS im Rahmen der flexiblen Instrumente des Kyoto-Protokolls (JI und CDM) gibt es gegenwärtig aufgrund einer Vielzahl von ungeklärten politischen, rechtlichen, technischen sowie methodischen Fragestellungen noch nicht. Ausführlicher diskutiert wird diese Thematik in Öko-Institut (2007, S. 116 ff.).

ANREIZRAHMEN IM KONTEXT DEUTSCHLANDS UND DER EU   4.2

Mit der Berücksichtigung von CCS im internationalen Klimaschutzregime wäre gesichert, dass die teilnehmenden Staaten einen Anreiz haben, CCS in ihrem Einflussbereich einsetzen zu lassen. Dies bedeutet noch nicht zwangsläufig, dass für die handelnden Wirtschaftssubjekte ebenfalls Anreize entstehen, diese Technologie zu nutzen. Hierzu sind gesonderte Instrumente notwendig. Folgende grundsätzlichen Ansatzpunkte für nationale bzw. EU-weite Politiken und Maßnahmen können unterschieden werden:

> das eng mit dem internationalen Klimaschutzregime des Kyoto-Protokolls verschränkte EU-Emissionshandelssystem;
> weitere spezifische politische Instrumente, mit denen CCS vor allem in der Demonstrations- und frühen Marktdurchdringungsphase gefördert werden kann;
> die Möglichkeiten, CCS auf ordnungsrechtlichem Wege für Neu- und ggf. auch für Bestandsanlagen durchzusetzen;
> potenzielle andere Instrumente, mit denen Anreize für die Erschließung möglichst sicherer Ablagerungsstätten geschaffen werden können.

Im Folgenden werden diese Ansätze hinsichtlich ihrer verschiedenen Dimensionen näher dargestellt und diskutiert.

EU-EMISSIONSHANDELSSYSTEM   4.2.1

Auf der Grundlage des EU-Emissionshandelssystems als Instrument zur Bepreisung von CO_2 könnte zweifelsohne eine wesentliche Voraussetzung für die wirtschaftliche Attraktivität der CCS-Technologie geschaffen werden. Im Rahmen dieses Systems werden den Anlagenbetreibern mit den sog. »European Union Allowances« (EUA) Emissionszertifikate ausgegeben, die direkt mit den den Staaten im Rahmen des Kyoto-Protokolls zugestandenen Emissionsrechten des Kyoto-Protokolls (A-AU) verknüpft sind. Die EU-Staaten »privatisieren« damit faktisch über das EU-Emissionshandelssystem die ihnen als Staaten zugestandenen internationalen Emissionsrechte.

ERFASSUNG

Nach der bisherigen Abgrenzung würden zwar diejenigen Anlagen, an denen das CO_2 abgeschieden wird, in den Geltungsbereich des Systems fallen, nicht jedoch die in den weiteren Schritten der CCS-Prozesskette (Transport, Injektion, Lagerung) auftretenden Emissionen. Dies würde sowohl für die direkten (»fugitiven«) Emissionen (beispielsweise aus Leckagen) als auch für assoziierte Emissionen, z.B. durch den Energiebedarf für Verdichtung, Verflüssigung etc. gelten. Da dies die Integrität des Handelssystems unterminieren würde, besteht ein dringender Bedarf für die Überarbeitung und Anpassung. Vor allem bei der Erfassung von fugitiven CO_2-Emissionen würde Neuland betreten.

Die EU-Emissionshandelsrichtlinie[44] müsste entweder so geändert werden, dass alle Anlagen der nachgelagerten Prozesskette hinsichtlich der energiebedingten CO_2-Emissionen (v.a. Verdichterantriebe) und der fugitiven Emissionen für die Normalbetriebs- und die Störfallsituation vom EU-Emissionshandelssystem erfasst werden. Alternativ dazu oder als pragmatischer Zwischenschritt könnte ein zwischen den betreffenden Mitgliedstaaten harmonisierter Ansatz für das sog. »opt-in« von CCS-Anlagen verfolgt werden.[45]

BERICHTERSTATTUNG

Entscheidend für die Behandlung von CCS-Anlagen im Rahmen des EU-Emissionshandelssystems sind die Vorschriften für die Erstellung der Emissionsberichte. Die bisher gültigen Regeln enthalten für CCS keine verbindlichen Vorschriften. Mittlerweile hat Großbritannien eine Vorreiterrolle übernommen und einen Entwurf für Monitoring- und Berichterstattungsrichtlinien für CCS-Projekte in Großbritannien (DTI 2005) erstellt. Hervorzuheben ist, dass darin empfohlen wird, die Emissionen aus etwaigen CO_2-Leckagen aus den Ablagerungsstätten nicht in das EU-Emissionshandelssystem aufzunehmen, sondern diese Problematik allein in den entsprechenden Genehmigungsverfahren zu behandeln und auf diesem Wege die ökologische Integrität von CCS im Emissionshandelssystem abzusichern.

Letztlich wird die Art und Weise, wie die verschiedenen Technologien der CCS-Prozesskette in das EU-Emissionshandelssystem einbezogen werden, von den Methoden des IPCC sowie von den aus den Pilot- und Demonstrationsprojekten gewonnenen Erfahrungen der Mitgliedstaaten abhängen. Vor diesem Hintergrund ist es angeraten, die Erarbeitung von Beiträgen zur Entwicklung der Berichterstattungsleitlinien explizit in das Programm der anlaufenden Demonstrations- und Pilotvorhaben aufzunehmen.

---

44 EU-Richtlinie 2003/87/EG über ein System für den Handel mit Treibhausgasemissionszertifikaten in der Gemeinschaft und zur Änderung der Richtlinie 96/61/EG des Rates.
45 Nach Artikel 24 Abs. 1 der EU-Emissionshandelsrichtlinie können die Mitgliedstaaten auch solche Anlagen dem EU-Emissionshandelssystem unterwerfen, die nicht in der Liste der obligatorisch vom Emissionshandel erfassten Anlage aufgeführt werden (opt-in).

Eine besondere Problematik ergibt sich aus den aktuell diskutierten Sonderregelungen für das EU-Emissionshandelssystem für Kleinemittenten. Um die Lasten für die Betreiber von Kleinanlagen zu mindern, sind vor allem besondere Zuteilungsregelungen oder aber geringere Monitoringanforderungen im Gespräch. Angesichts der derzeit diskutierten Schwellenwerte für solche Sonderregelungen (20.000 bis 50.000 t CO_2/Jahr) ergibt sich, dass mittelgroße Kraftwerke mit CO_2-Abscheidung darunter fallen könnten[46], was der ursprünglichen Intention dieser Sonderregelungen sicherlich nicht entspräche.

ALLOKATION UND EMISSIONSZIELE

Mit der Einbeziehung von Anlagen der CCS-Prozesskette in das EU-Emissionshandelssystem sowie der Etablierung von entsprechenden Leitlinien für die Erstellung der Emissionsberichte wären lediglich die Voraussetzungen dafür geschaffen, dass sich die CO_2-Emissionsvorteile von CCS im Vergleich zu konkurrierenden Anlagen auch monetarisieren. Bezüglich der Höhe des wirtschaftlichen Vorteils spielt die Zuteilung (Allokation) der Emissionsberechtigungen eine zentrale Rolle.

Gegenwärtig müssen nach der EU-Emissionshandelsrichtlinie *mindestens* 95 % der auszugebenden Emissionsberechtigungen den Anlagen kostenlos zugeteilt werden, für die Periode 2008–2012 reduziert sich dieser Wert auf 90 %. Inwieweit sich der Anteil der *nicht* mehr kostenlos zugeteilten Emissionsberechtigungen für die Perioden nach 2012 deutlich erhöht, ist derzeit noch nicht abzusehen.

Für die Wirtschaftlichkeit des *Anlagenbetriebes* übt die Allokation von Emissionsberechtigungen zwar nur einen untergeordneten Einfluss aus (z. B. Matthes et al. 2005), eine ganz andere Situation ergibt sich aber hinsichtlich der *Investitionsentscheidungen* für CCS, die mit anderen Investitionsoptionen konkurrieren. Sofern hier größere Anteile kostenloser Allokation erfolgen, die vom Emissionsniveau der Anlage abhängig sind, erodieren die aus der geringeren CO_2-Emission folgenden wirtschaftlichen Vorteile für CCS-Investitionen massiv.[47]

Die Abbildungen 20 und 21 verdeutlichen den Zusammenhang zwischen kostenloser (und brennstoffdifferenzierter) Neuanlagenzuteilung und der wirtschaftlichen

---

46 Ein Kraftwerk mit einer Nettoleistung von 300 MW und einer Jahresauslastung von 6.500 Stunden, einem Wirkungsgrad (nach Abscheidung) von 35 % und einer Abscheiderate von 99 % würde jährlich knapp 20.000 t CO_2 in die Atmosphäre freisetzen.

47 Wenn die Investoren von Neuanlagen damit rechnen können, dass sie die für den Anlagenbetrieb notwendigen Emissionsberechtigungen im Extremfall vollständig kostenlos und in Abhängigkeit vom Emissionsniveau ihrer Anlage weitgehend »nach Bedarf« (d. h. z. B. über brennstoffspezifische Benchmarks auf Basis der bestverfügbaren Technologie) zugeteilt bekommen, entscheiden sie so, als ob es den Emissionshandel nicht gäbe (Barwert der abzugebenden Zertifikate ist gleich dem Barwert der kostenlos zugeteilten Zertifikate). Eine CCS-Anlage büßt damit bei der Barwertermittlung ihren Vorteil bei den Betriebskosten vollständig ein (vgl. dazu Matthes et al. 2006).

Attraktivität von CCS-Investitionen (zu Annahmen und Methodik der Berechnungen siehe Öko-Institut [2007, S. 128 ff.]). Der in den Abbildungen dargestellte sog. Barwert ermöglicht es, verschiedene Investitionsoptionen direkt zu vergleichen.

ABB. 20   **BARWERT VERSCHIEDENER INVESTITIONSOPTIONEN (MIT UND OHNE CCS)**
BEI EINEM ZERTIFIKATSPREIS VON 30 EURO/EUA

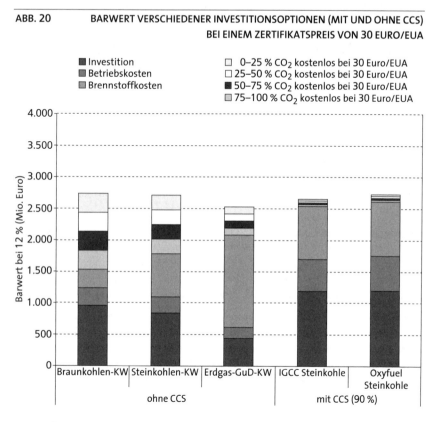

Quelle: Öko-Institut 2007

Bei einem Zertifikatspreis von 30 Euro/EUA (Abb. 20) und unter der Annahme vollständig kostenloser Zuteilung der Emissionszertifikate wären die CCS-Kraftwerke wesentlich teurer als die Optionen ohne CCS. Die günstigste Erzeugungsoption wäre Braunkohle, gefolgt von Steinkohle und Erdgas. Erst wenn die kostenlose Zuteilung weniger als etwa 10 % ihres Bedarfs beträgt, erweisen sich Investitionen in CCS-Kraftwerke als zunehmend attraktiv. Bei einem Zertifikatspreis von 50 Euro (Abb. 21) führt eine kostenlose Zuteilung von mehr als etwa 25 bis 35 % der benötigten Zertifikate zu einem Nachteil von CCS beim Vergleich der verschiedenen Investitionsoptionen.

Das Ergebnis dieser exemplarischen Berechnungen bedeutet, dass Investitionen in CCS nicht attraktiv sind, sofern neuerrichtete konventionelle Kraftwerke damit rechnen können, einen signifikanten Teil der benötigten Emissionsberechtigungen kostenlos zu erhalten. Bei niedrigeren Zertifikatspreisen und/oder hohen Brennstoffpreisen würde sich diese Situation weiter verschärfen.

ABB. 21   BARWERT VERSCHIEDENER INVESTITIONSOPTIONEN (MIT UND OHNE CCS)
           BEI EINEM ZERTIFIKATSPREIS VON 50 EURO/EUA

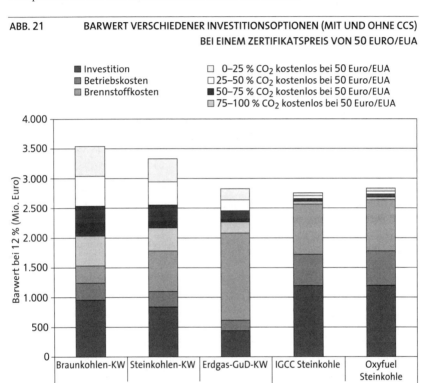

Quelle: Öko-Institut 2007

Als Konsequenz resultieren für die Weiterentwicklung des EU-Emissionshandelssystems *weitgehende Veränderungsnotwendigkeiten*, wenn CCS – selbst bei massiver Verbesserung der technischen und wirtschaftlichen Parameter – als eine wettbewerbsfähige Technologie etabliert werden soll:

> Die Emissionsminderungsziele (Caps) müssen so gesetzt werden, dass sich ein Zertifikatspreisniveau einstellt, das (deutlich) oberhalb der Marke von 30 Euro/EUA liegt.

> Die kostenlose (und brennstoffabhängige) Zuteilung für konkurrierende Neu-
anlagen ohne CCS müsste durch eine Auktionierung der Emissionsberechtigungen ersetzt werden.

Angesichts der unmittelbar bevorstehenden Überarbeitung der EU-Emissionshandelsrichtlinie für den Zeitraum bis mindestens 2018 müssten entsprechende
Änderungen bereits in den derzeit laufenden Reviewprozess eingebracht werden.

ANDERE FÖRDERINSTRUMENTE   4.2.2

MARKTEINFÜHRUNG UND -VERBREITUNG

Zumindest für die Einführungs- und Verbreitungsphase von CCS könnte es sich
als sinnvoll erweisen, spezifische Instrumente für die Markteinführung einzusetzen.
Solche Instrumente sind in der Vergangenheit für unterschiedliche Technologien
genutzt worden und gehören neben den entsprechenden FuE-Programmen zum
etablierten Instrumentarium:

> Sowohl für Kernkraftwerke als auch für Erneuerbare Energie (hier vor allem
für Wind- und Sonnenenergie) sind in der Vergangenheit Sonderprogramme
eingesetzt worden, bei denen die *Investitionen* direkt oder die *Finanzierung
von Investitionen* staatlich *bezuschusst* wurden (250-MW-Wind-Programm,
100.000-Dächer-Programm für Fotovoltaik, Zinssubventionen für Kernkraft-
Investitionen).

> Für die ersten größeren Demonstrations-Kernkraftwerke in Deutschland wur-
den in erheblichem Umfang *Risikoausgleichsmaßnahmen* ergriffen, über die
die Energieversorger von den zusätzlichen Betriebsrisiken der entsprechenden
Investitionen freigestellt wurden.

> Mit dem Erneuerbaren-Energien-Gesetz (EEG) wird die Abnahme von aus
Erneuerbaren Energien erzeugtem Strom garantiert und werden für die Ein-
speisung *Garantiepreise* gewährt, die auf die Endabnehmer von Elektrizität
umgelegt werden.[48]

> Mit dem Kraft-Wärme-Kopplungsgesetz (KWKG) wird für die Einspeisung
von KWK-Strom ein definierter *Zuschlag* gezahlt, wobei die Vermarktung des
Stroms i. d. R. bei den Erzeugern verbleibt. Auch hier erfolgt eine Umlage auf
die Endverbraucher, jedoch ohne dass eine Pflichtabnahme des geförderten
KWK-Stroms erfolgt.[49]

---

48 Gesetz für den Vorrang Erneuerbarer Energien (Erneuerbare-Energien-Gesetz – EEG)
    vom 21. Juli 2004 (BGBl. I S. 1918), zuletzt geändert durch Artikel 1 des Gesetzes vom
    7. November 2006 (BGBl. I S. 2550).
49 Gesetz für die Erhaltung, die Modernisierung und den Ausbau der Kraft-Wärme-Kopp-
    lung (Kraft-Wärme-Kopplungsgesetz, KWKG) vom 19. März 2002 (BGBl. I S. 1092),
    zuletzt geändert durch Artikel 170 der Verordnung vom 31. Oktober 2006 (BGBl. I
    S. 2407).

Prinzipiell könnten entsprechende Instrumente auch für die Einführung von CCS ergriffen werden (wobei dies nicht notwendigerweise bedeutet, dass entsprechende Förderungen in jedem Falle geboten sind):

> Schaffung eines Investitionszuschussprogramms oder Gewährung von Finanzierungszuschüssen für die ersten CCS-Anlagen. Entsprechende Zuschüsse können nur im Rahmen der EU-Beihilferegelungen erfolgen und wären entsprechend begründungsbedürftig.

> Mit Risikoausgleichsmaßnahmen könnten größere Demonstrationsvorhaben insoweit gefördert werden, als eine staatliche Risikoübernahme für nichtplanbare Betriebsprobleme von CCS-Anlagen erfolgt. Auch diese Instrumente müssten im EU-Beihilferegime zulässig sein bzw. bedürfen einer entsprechenden Genehmigung.

> Für eine Übergangzeit könnte der emissionsfreie Anteil der Stromerzeugung aus CCS-Anlagen in das Förderregime des EEG einbezogen werden. Dieser Förderansatz würde nicht dem Beihilfetatbestand der EU unterliegen, da keine Mittel aus öffentlichen Haushalten involviert wären.

> In Anlehnung an das KWKG könnte für eine Übergangzeit die Einspeisung von emissionsfrei erzeugtem Strom aus CCS-Anlagen über eine Zuschlagszahlung gefördert werden, ohne dass die Vermarktung des Stroms weiter geregelt würde.

Wie und in welcher Kombination entsprechende Förderinstrumente für die Einführung von CCS ausgestaltet werden können, wird erst dann näher diskutierbar sein, wenn umfangreicher in Demonstrationsanlagen investiert wird bzw. die breitere Kommerzialisierung von CCS ansteht. Dessen ungeachtet sind weitere Analysen und Vorarbeiten z.B. zum notwendigen Förderumfang, zu den beihilferechtlichen Fragen, zur Fördereffizienz sowie zur Akzeptanz der verschiedenen Förderansätze sinnvoll.

ORDNUNGSRECHTLICHE VORGABEN FÜR DEN EINSATZ VON CCS

Über den vor allem mit dem EU-Emissionshandelssystem verfolgten Weg einer marktgetriebenen Verbreitung der CCS-Technologie (ggf. nach einer Einführungsphase mit spezifischen Förderinstrumenten) hinaus wird auch die ordnungsrechtlich getriebene Marktdurchdringung der CCS-Technologie diskutiert. Diesbezügliche Überlegungen sind beispielsweise von der EU-Kommission (EU-Kommission 2007b) und dem Britischen Parlament (House of Commons 2006) angestellt worden.

Für *Neuanlagen* ist dies im Rahmen des bestehenden Regelwerks vergleichsweise einfach: Es könnten Grenzwerte für die CO_2-Emissionen (im Regelbetrieb, ggf. differenziert nach Anlagenkapazität und Brennstoffen) ähnlich wie bisher für die klassischen Schadstoffe im Rahmen der Großfeuerungsanlagenverordnung eingeführt werden. Wären die Grenzwerte hinreichend streng, könnte sich CCS als

Technologie durchsetzen. Ein solcher Grenzwert könnte entweder als fester Wert (z. B. 100 g CO_2/kWh) und/oder als Mindestrate für die CO_2-Abscheidung[50] vorgegeben werden.

Komplizierter gestaltet sich die Frage von *Nachrüstungen mit CCS-Technologie.* Zwar hat es in Deutschland in der Vergangenheit allgemeine Nachrüstverpflichtungen mit hoher Eingriffstiefe im Bereich der Grenzwertvorgaben für Altanlagen bei Schwefeldioxid und Stickoxiden gegeben.[51] Ob ein solcher Ansatz mit der sehr kostspieligen Nachrüstung von CO_2-Abtrennungsanlagen durchführbar wäre, bedarf der weiteren Analyse. In diesem Kontext wäre auch zu prüfen, inwieweit die – zumindest im deutschen Immissionsschutzrecht bisher ungebräuchliche – zeitliche Befristung von Genehmigungen einen geeigneten Ansatz bilden könnte. Grundsätzlich denkbar wäre auch, über eine entsprechende Auflage oder einen Auflagenvorbehalt den Bestandsschutz einer Anlage ohne Abscheidung so einzuschränken, dass eine Nachrüstung erfolgen muss, sobald die Technologie im großtechnischen Maßstab zur Verfügung steht.

Für derartige Bestimmungen gilt, dass ihre Umsetzung – aufgrund der hohen Investitionen und eines nicht vorab eindeutig bestimmbaren Zeitpunkts, wann die Technik zur Verfügung steht – auf rechtliche Hürden stoßen könnte. Die Rechtssicherheit solcher Nebenbestimmungen für zuständige Immissionsschutzbehörden und Betreiber könnte – sofern dieser Ansatz verfolgt werden soll – durch Einführung einer entsprechenden ausdrücklichen Rechtsgrundlage geschaffen bzw. verbessert werden.

Als eine Zwischenlösung bis zur kommerziellen Verfügbarkeit der CCS-Technologie wird eine Verpflichtung auf die Einhaltung von »Capture-ready«-Kriterien bei der Errichtung von Neuanlagen untersucht und ins Gespräch gebracht (EU-Kommission 2007b; G8 2005, Tz. 14c). Die Diskussion um solche Kriterien steht erst am Beginn, bisher sind die folgenden Elemente für »Capture-ready«-Auflagen erörtert worden (EPPSA 2006):

> Berücksichtigung der Platzanforderungen bei der Planung und Errichtung der Anlagen;
> Berücksichtigung der Kompatibilitätsanforderungen für die Kraftwerksanlagen und -komponenten für die mit der Nachrüstung auftretenden neuen Prozessparameter;
> Standortwahl und räumliche Anbindung an zukünftige Ablagerungsstätten bzw. die Infrastruktur zum CO_2-Abtransport;

---

50 In Anlehnung an die Entwicklungsziele des DoE (2006) könnte dieser Zielwert z. B. auf 90 % ausgerichtet werden.
51 13. Verordnung zum Bundes-Immissionsschutzgesetz (Großfeuerungsanlagenverordnung) vom 14. Juni 1983 (BGBl. 1983 I, Nr. 26, S. 719–730). Dadurch wurden in der Periode 1982 bis 1990 Investitionen für Nachrüstungen von ca. 20 Mrd. DM notwendig.

> Einhaltung der Sicherheitsanforderungen im Kraftwerk beim zukünftigen Einsatz von für die CO_2-Abtrennung notwendigen Chemikalien.

Die Einhaltung dieser Anforderungen könnte – bei allen Unsicherheiten der zukünftigen Technologieentwicklung – im Genehmigungsverfahren für neu zu errichtende Kraftwerke durch entsprechende Vorplanungen berücksichtigt werden (Gibbins 2006). In jedem Fall bedarf die Einführung von »Capture ready«-Anforderungen noch intensiver weiterer Analysen, bevor sie ggf. rechtlich kodifiziert werden könnten. Dabei sollten auch die zunehmend diskutierten ökonomischen Dimensionen von »Capture-ready«-Anforderungen berücksichtigt werden, wie z. B. der Aufbau von Rückstellungen für die Nachrüstung von CO_2-Abscheidungsanlagen oder der Erwerb von Optionen auf Transport- und Ablagerungskapazitäten.

ANDERE INSTRUMENTE ZUR MINDERUNG VON LANGFRISTRISIKEN

Zur Minderung von langfristigen Risiken sollten Anreize gesetzt werden, damit möglichst sichere Ablagerungsstätten ausgewählt und bevorzugt genutzt werden. Dieses Ziel kann einerseits mit bewährten Instrumenten verfolgt werden, also z.B. mittels Nachweis- und Genehmigungsanforderungen für Ablagerungsanlagen und über die Regelung der Haftung für eventuelle Schäden. Zusätzlich kommen auch unkonventionelle Instrumente infrage. Hierzu ist eine Reihe von Vorschlägen vorgelegt worden, die vor allem auf die Möglichkeiten der Integration von CCS in das internationale Klimaschutzregime abstellten (Bode/Jung 2004 u. 2005; OECD/IEA 2004b). Held et al. (2006) schlagen dagegen ein System von Bonds vor, das allenfalls mittelbar auf die Einbeziehung in das derzeitige internationale Klimaschutzregime zielt. Diejenigen Anlagenbetreiber, die CO_2 ablagern, werden verpflichtet, in Abhängigkeit von der abgelagerten CO_2-Menge staatlich ausgegebene *Bonds* zu erwerben, die zum Ende der Laufzeit zurückgekauft, zwischenzeitlich aber frei gehandelt werden können:

> In einer ersten Variante muss für jede abgelagerte Tonne CO_2 ein Bond zu einem staatlich festgesetzten Preis erworben werden, der während der Laufzeit verzinst wird. Sofern sich während der Laufzeit des Bonds (in etwa 30 Jahre) bei der Ablagerungsanlage Leckagen ergeben, wird der Bond entsprechend abgewertet bzw. verfällt (die entsprechenden Mittel würden dann dem Staat zur Finanzierung anderweitiger Klimaschutzmaßnahmen zur Verfügung stehen). Werden keine Leckagen festgestellt, wird der Bond am Ende seiner Laufzeit zum Ausgabepreis zurückgenommen.
> In einer zweiten Variante werden für die abgelagerten CO_2-Mengen »Quasiemissionsrechte« ausgegeben, die sich von regulären Emissionsberechtigungen jedoch dadurch unterscheiden, dass sie erst nach Freigabe durch die Behörde eingesetzt werden können. Diese Freigabe erfolgt erst, wenn die Sicherheit der Ablagerungsstätte hinreichend nachgewiesen ist bzw. nur für den Teil der E-

missionen, die nachgewiesenermaßen nicht über Leckagen wieder in die Atmosphäre abgegeben worden sind. Voraussetzung für diese Variante ist jedoch, dass die Betreiber der Anlagen mit CO_2-Abspaltung im Rahmen des Emissionshandelssystems zunächst reguläre Emissionsberechtigungen in einem Umfang erwerben müssten, als ob das CO_2 nicht abgetrennt und an die Ablagerungsanlage abgegeben worden wäre.[52]

Beide Varianten haben den Vorteil, dass über die Genehmigungsprozeduren hinaus ein Anreizsystem geschaffen wird, nur die – beim jeweiligen Wissensstand – sichersten Ablagerungsstätten zu erschließen. Der größte Nachteil besteht darin, dass insbesondere für die Investitionsentscheidungen der Unternehmen zusätzliche Kosten entstehen, die CCS-Investitionen im Vergleich zu anderen Optionen belasten.

Auch wenn die bisher präsentierten Vorschläge zur Etablierung von Anreizsystemen über Umweltbonds noch eine Reihe von Problemen aufweisen, sind weitere Analysen im Bereich solcher innovativen Steuerungsansätze sinnvoll.

---

52 Dieser Ansatz wäre insbesondere anschlussfähig an die Variante, in der die Ablagerung von CO_2 nicht als verminderte Emission, sondern als Senkenausweitung berücksichtigt wird.

Für die folgende Erörterung des Handlungsbedarfs bei der Förderung und Beschleunigung der Entwicklung und des Einsatzes von CO_2-Abscheidung und -Lagerung (CCS) wird vorausgesetzt, dass ein öffentliches Interesse an der Realisierung von CCS besteht. Ein öffentliches Interesse könnte vor allem dann gegeben sein, wenn der Einsatz von CCS als realistische und zukunftsfähige Option zum Erreichen von ambitionierten Klimaschutzzielen eingeschätzt werden würde.

Beim derzeitigen Wissensstand, wie er in den vorstehenden Kapiteln dargestellt wurde, und bevor die technische und wirtschaftliche Machbarkeit der sicheren geologischen Lagerung von CO_2 nachgewiesen ist, ist diese Einschätzung notwendigerweise mit Unsicherheiten behaftet. Daher sollten gezielte Anstrengungen unternommen werden, die Wissensbasis zu verbreitern und kritische Wissenslücken zu schließen, um die Bewertung der Potenziale und Risiken der CCS-Technologie auf eine solidere Grundlage zu stellen.

Zugleich existiert aber ein teilweise erheblicher Zeitdruck, um die potenziellen Beiträge der CCS-Technologie zur Erreichung globaler CO_2-Minderungsziele nicht aufs Spiel zu setzen. Einerseits wird die Erneuerung des bundesdeutschen (und des europäischen) Kraftwerksparks in den nächsten Jahren Fahrt aufnehmen, andererseits ist in Ländern wie China und Indien eine enorme Dynamik beim Ausbau fossiler Kraftwerkskapazitäten zu beobachten, sodass damit das »window of opportunity« für den Klimanutzen der CCS-Technologie immer kleiner wird, je später sie auf dem Kraftwerksmarkt zur Verfügung steht.

Daher bestehen – parallel zur Schließung der Wissenslücken und zur Förderung der Weiterentwicklung der CCS-Technologie – für die öffentliche Hand nach Einschätzung des TAB zwei zentrale Aktionsfelder: Zum einen ist es notwendig den bestehenden Diskussionsprozess bei Stakeholdern (Unternehmen, Wissenschaft, Umweltverbände, Politik) zu intensivieren und in der breiten Öffentlichkeit einen Diskurs zu initiieren, um Bedingungen und mögliche Wege zu einer öffentlichen Akzeptanz der CCS-Technologie auszuloten. Wie Beispiele aus der Vergangenheit zeigen (z.B. Gentechnik), sind Unterlassungen und Fehler, die am Anfang einer Technologieentwicklung bei Information und Beteiligung der Öffentlichkeit gemacht werden, im weiteren Verlauf nur noch schwer korrigierbar.

Zum anderen besteht unmittelbarer und zeitlich drängender Handlungsbedarf für den Gesetzgeber bei der Schaffung eines adäquaten Regulierungsrahmens. Drei wesentliche Ziele sollten damit erreicht werden: (1) die rechtliche Zulässigkeit von CCS sicher zu stellen, (2) den Umgang mit den Risiken von CCS und die Haftung für mögliche Schäden zu klären sowie (3) Anreize zu schaffen, damit CCS tatsächlich in der Praxis eingesetzt wird.

VERBREITERN DER WISSENSBASIS – SCHLIEßEN KRITISCHER WISSENSLÜCKEN

Der gegenwärtige Wissensstand und der Forschungsbedarf bei den drei essenziellen Gliedern der CCS-Technologiekette CO_2-Abscheidung, -Transport und -(Ab-) Lagerung ist sehr unterschiedlich. Vor allem im Bereich der CO_2-Lagerung und den damit zusammenhängenden geowissenschaftlichen Fragestellungen bedarf es einer verbesserten Wissensbasis. Zahlreiche kritische Wissenslücken müssen geschlossen werden, bevor eine belastbare Einschätzung der technischen und ökonomischen Machbarkeit von CCS und eine Bewertung, welchen Beitrag CCS zum Erreichen der Klimaschutzziele leisten kann, vorgenommen werden können.

Soweit es sich bei der Forschung und Entwicklung im Bereich *CO_2-Abscheidung* um die Weiterentwicklung etablierter Technologien handelt, ist als primärer Akteur die Industrie (Kraftwerks- und Anlagenbau, Energieversorger, Chemische Industrie) gefordert. Die Hauptaufgabe für staatliche Akteure wäre es hier, den forschungs-, energie- und klimapolitischen Rahmen so zu gestalten, dass die Unternehmen ein verlässliches Umfeld vorfinden, um die gesellschaftlich gewünschte Forschungsinitiative voll zu entfalten.

Als Aktionsfeld für öffentliche Forschungsförderung kämen vor allem hochinnovative Verfahren mit großem potenziellen ökologischen und gesamtwirtschaftlichen Nutzen infrage, deren alleinige Entwicklung für die Unternehmen mit einem sehr hohen Risiko des Scheiterns einherginge (z.B. der ZECA-Prozess). Darüber hinaus böte sich die Förderung von Querschnittsfeldern an (z.B. Materialforschung für Membranen), um Synergien zu erzielen und einen branchenübergreifenden Nutzen zu generieren.

Ebenso ist die Weiterentwicklung von Technologien zur *CO_2-Konditionierung und zum Transport* eine Aufgabe, für die die Industrie prädestiniert wäre. Da aber bei der Nutzung der CO_2-Lagerung in großem Maßstab die Errichtung einer entsprechenden (vor allem Pipeline-)Infrastruktur notwendig wäre, käme der öffentlichen Hand eine wichtige Rolle bei deren Planung und Design sowie bei der Optimierung eines evtl. aufzubauenden CO_2-Netzes zu.

Wie eingangs erwähnt, besteht bei der *CO_2-Lagerung* noch das größte Wissensdefizit und der umfangreichste Forschungsbedarf. Gleichzeitig sind bei der Verbreiterung der Wissensbasis in diesem Feld staatliche Akteure besonders angesprochen. Dagegen wären bei der Exploration von konkreten Standorten und Untersuchungen, die der Lagerung von CO_2 direkt vorangehen, primär private Investoren gefordert. Fragestellungen, die sich für eine öffentliche Förderung besonders anböten, wären vor allem:

> die Verbreiterung des Grundlagenwissens bei der Wechselwirkung von eingepresstem CO_2 mit dem Material von Speicherformationen und Deckgesteinen;

> die möglichst genaue Bestimmung der Kapazitäten und Untersuchungen zur Eignung für eine dauerhafte Lagerung von CO_2 von geologischen Formationen. Zur Gewinnung von genaueren Daten sind detaillierte Untersuchungen an individuellen Formationen unabdingbar.

> im Bereich der möglichen Nutzungskonkurrenzen besteht ein dringender Forschungsbedarf, der umgehend angegangen werden sollte. Hierzu gehört auch die Frage, wie Nutzungskonflikte aufzulösen wären (z. B. Vorrangregelungen).

Für eine belastbare Einschätzung sowohl der Potenziale der CO_2-Lagerung als auch der möglichen Risiken für Mensch, Umwelt und Klima ist es unerlässlich, praktische Erfahrungen mit der Ablagerung von CO_2 im Mio.-t-Maßstab zu sammeln. Neben einer sorgfältigen Standortauswahl sollten solche Projekte von einem stringenten Monitoringprogramm begleitet werden, um die sich im Gestein abspielenden Prozesse besser verstehen und zukünftig das Verhalten von CO_2 in geologischen Formationen zuverlässig vorhersagen zu können.

Über die Fortentwicklung der zurzeit im Pilotmaßstab funktionierenden Einzeltechnologien hinaus besteht derzeit eine wesentliche Herausforderung in ihrer Integration in ein Gesamtsystem in einer für Kraftwerke relevanten Anlagengröße. Es ist schwer vorstellbar, dass solche Demonstrationsanlagen ohne öffentliche Förderung auskommen könnten. In diese Richtung gehen auch die diesbezüglichen Vorschläge der EU-Kommission, bis zum Jahr 2015 den Bau von zehn bis zwölf großer Demonstrationsanlagen zu fördern. Es wäre zu erwägen, diesen Prozess auf EU-Ebene proaktiv zu begleiten und durch nationale Maßnahmen zu unterstützen.

Es wäre dringend anzuraten, in die Durchführung dieser Projekte frühzeitig sozial- und umweltwissenschaftliche Begleitforschung zu integrieren, damit die Technologieentwicklung an den Kriterien einer nachhaltigen Entwicklung ausgerichtet werden kann und entscheidungsrelevantes Wissen zu ökonomischen, ökologischen und sozialen Folgewirkungen der CCS-Technologie bereitgestellt wird. Hierzu gehören die Analyse von Potenzialen, Risiken und Kosten, ökobilanzielle Betrachtungen sowie Fragen der Integration von CCS in das Energiesystem.

Den größten Nutzen könnte die CCS-Technologie vor allem dann entfalten, wenn sie zügig in globalem Maßstab eingesetzt werden würde. Daher ist zu erwägen, wie dies durch internationale Zusammenarbeit bei Forschung und Technologieentwicklung, die Förderung eines internationalen Dialoges sowie die Unterstützung von Capacity Building und Technologietransfer in relevante Schwellenländer (z. B. China, Indien) befördert werden kann.

ANSTOßEN DER ÖFFENTLICHEN DEBATTE UND ENTWICKLUNG VON AKZEPTANZ

Obwohl die Debatte um CCS in Fachkreisen in letzter Zeit an Intensität und Dynamik stark zunimmt, ist das Thema in der breiten Öffentlichkeit noch kaum angekommen. Der – aus Umfragen ermittelte – Kenntnisstand zum Thema in der Bevölkerung ist derzeit noch dürftig. Um zu verhindern, dass sich mangelnde Akzeptanz zu einem Hemmschuh in der weiteren Entwicklung und Nutzung der CCS-Technologie entwickelt, sollte rechtzeitig eine bundesweite Kommunikations-, Informations- und Beteiligungsstrategie entworfen und umgesetzt werden. Dieser Prozess sollte ergebnisoffen strukturiert sein und ausloten, ob und wie ein möglichst breiter gesellschaftlicher Konsens erreichbar sein könnte. Dies ist eine anspruchsvolle Aufgabe, mit der begonnen werden sollte noch bevor erste konkrete Standortentscheidungen zu treffen sind.

Als möglicher erster Schritt in der Organisation dieses Verständigungsprozesses wird die Gründung eines nationalen »CCS-Forums« vorgeschlagen. Derzeit ist die Zahl der Stakeholder, die auf der nationalen Ebene aktiv in den Diskurs um CCS involviert sind, vergleichsweise klein. Dementsprechend sollte es möglich sein, alle relevanten Positionen in einem ca. 20-köpfigen Forum zusammenzubringen. Neben der Definition der genauen Rollen- und Zuständigkeitsverteilung wäre die Frage, wer als Initiator bzw. Träger eines solchen Forums fungieren könnte als erstes zu klären. Da die Neutralität eine wesentliche Voraussetzung für die Glaubwürdigkeit und den Erfolg eines solchen Gremiums ist, wären die zukünftigen Betreiber/Antragsteller von CCS-Anlagen nicht als Initiator prädestiniert. Eher infrage kämen beispielsweise das BMU (bzw. das UBA), das Forum für Zukunftsenergien, der COORETEC-Beirat oder der Nachhaltigkeitsrat. Hilfreich wäre sicherlich, wenn eine prominente, auch in die Öffentlichkeit positiv hineinwirkende Persönlichkeit für den Vorsitz des Forums gewonnen werden könnte.

SCHAFFUNG EINES REGULIERUNGSRAHMENS

Es gibt in Deutschland mehrere Unternehmen, die bereits konkrete CCS-Vorhaben planen, teilweise im fortgeschrittenen Stadium. Ohne kurzfristige Anpassung des derzeitigen Rechts sind die geplanten Vorhaben jedoch unzulässig. Daher besteht hier dringender Handlungsbedarf.

Es bietet sich ein zweistufiges Vorgehen an: Im Zuge einer kurzfristig zu realisierenden Interimslösung sollten die rechtlichen Voraussetzungen geschaffen werden, damit Vorhaben, die überwiegend der Erforschung und Erprobung der CO_2-Ablagerung dienen, zeitnah gestartet werden können. Kernelement eines kurzfristigen Regelungsrahmens wäre die Schaffung eines Zulassungstatbestands im Bergrecht.

Gleichzeitig sollte ein umfassender Regulierungsrahmen entwickelt und möglichst auf EU-Ebene und international abgestimmt werden, der allen Aspekten der CCS-Technologie Rechnung trägt. Dieser könnte die Interimsregulierung ablösen, sobald der großtechnische Einsatz von CCS ansteht.

Für den umfassenden Regelungsrahmen ist im Rahmen des TAB-Projekts erstmals ein detaillierter Vorschlag erarbeitet worden. Dieser umfasst unter anderem:

> die Feststellung, dass die langfristig sichere Speicherung von CO_2 im öffentlichen Interesse ist;
> die Feststellung grundsätzlich als geeignet angesehener Sequestrierungsverfahren und dafür geeigneter Regionen und ggf. konkreter Standorte im Rahmen eines bundesweiten Plans zur Ablagerung von CO_2 (»CCS-Plan«);
> die Schaffung eines integrierten Trägerverfahrens unter Beteiligung der Öffentlichkeit für die Zulassung von konkreten CCS-Vorhaben;
> die Definition von grundlegenden Anforderungen an Abscheidung, Transport und Ablagerung zur Vorsorge vor Gefahren für die Gesundheit und Umwelt. Dies beinhaltet auch geeignete Monitoringverfahren;
> Haftungsregelungen für Personen- und Sachschäden Dritter sowie für nichtklimaschutzbezogene Umweltschäden.

Unabhängig davon, ob der Vorschlag bei einer gesamtpolitischen Bewertung in allen Einzelheiten geteilt wird – z.B. Schaffung eines eigenständigen CCS-Gesetzes mit integriertem Trägerverfahren – stellt er nach Auffassung des TAB einen sinnvollen Ausgangspunkt für gesetzgeberische Überlegungen dar.

Darüber hinaus ist zu überlegen, welche Anreize geschaffen werden können, damit CCS-Anlagen in der Praxis auch umgesetzt werden. Hierfür existiert eine Reihe von Ansatzpunkten:

> die Anrechnung von CCS im EU-Emissionshandelssystem, das eng mit dem internationalen Klimaschutzregime des Kyoto-Protokolls verschränkt ist;
> spezifische politische Instrumente, mit denen CCS vor allem in der Demonstrations- und frühen Marktdurchdringungsphase gefördert werden kann;
> die Möglichkeiten, CCS auf ordnungsrechtlichem Wege für Neu- und ggf. auch für Bestandsanlagen durchzusetzen;
> potenzielle andere Instrumente, mit denen Anreize für die Erschließung möglichst sicherer Ablagerungsstätten geschaffen werden können.

LITERATUR

IN AUFTRAG GEGEBENE GUTACHTEN 1.

Ecofys (Ecofys Germany GmbH) (2007): CO_2-Abscheidung und -Lagerung bei Kraftwerken (Autoren: Jung, M., Kleßmann, C.). Berlin

FhG-ISI (Fraunhofer-Institut für System- und Innovationsforschung) (2007): Modellierung von Szenarien der Marktdiffusion von CCS-Technologien (Autoren: Cremer, C., Schmidt, S.). Karlsruhe

Öko-Institut (Öko-Institut e.V.) (2007): CO_2-Abscheidung und -Lagerung bei Kraftwerken – Rechtliche Bewertung, Regulierung, Akzeptanz (Autoren: Matthes, F.C., Repenning, J., Hermann, A., Barth, R., Schulze, F., Dross, M., Kallenbach-Herbert, B., Minhans, A. unter Mitarbeit von Spindler, A.). Berlin

WEITERE LITERATUR 2.

ACCSEPT (Acceptance of Carbon Dioxide Capture and Storage Economics, Policy and Technology) (2006): Deliverable 2.1: Acceptability of CO_2 capture and storage – A review of legal, regulatory, economic and social aspects of CO_2 capture and storage (Autoren: de Coninck, H., Anderson, J., Curnow, P., Flach, T., Flagstad, O.-A., Groenenberg, H., Norton, C., Reiner, D., Shackley, S.). European Commission DG Research project led by DNV (Det Norske Veritas) with partners Baker & McKenzie, ECN (Energy Research Centre of the Netherlands), IEEP (Institute for European Environmental Policy) and Tyndall Centre for Climate Change Research. www.accsept.org/outputs/accsept_review.pdf; 28.08.07

ACCSEPT (Acceptance of Carbon Dioxide Capture and Storage Economics, Policy and Technology) (2007): Deliverable D3.1 stakeholder Perceptions of CO_2 Capture and Storage in Europe: Results from the EU-funded ACCEPT Survey – Executive Summary (Autoren: Shackley, S., Waterman, H., Godfroij, P., Reiner, D., Anderson, J., Draxlbauer, K., de Coninck, H., Groenenberg, H., Flach, T., Sigurthorsson, G.). European Commission DG Research project led by DNV (Det Norske Veritas) with partners Baker & McKenzie, ECN (Energy Research Centre of the Netherlands), IEEP (Institute for European Environmental Policy) and Tyndall Centre for Climate Change Research. www.accsept.org/outputs/executive_and_technical_summaries.pdf; 03.09.07

APEC EWG (Asia Pacific Economic Cooperation Energy Working Group) (2005): CO_2 Storage Prospectivity of Selected Sedimentary Basins in the Region of China and South East Asia. Singapur www.ewg.apec.org/assets/documents/apecinternet/CO2_Storageprospectivity20050826110420_.pdf; 11.09.07

Audus, H. (2006): An update on CCS: Recent developments. Präsentiert auf dem 2nd IEA Workshop on Legal Aspects of storing CO_2, 17th Oct. 2006, Paris www.cslforum.org/documents/iea_cslf_Paris_Update_CCS.pdf; 07.08.07

AUNR (Ausschuss für Umwelt, Naturschutz und Reaktorsicherheit) (2007): Öffentliche Anhörung zum Thema »CO$_2$-Abtrennung und klimaneutrale Entsorgung«. Korrigiertes Wortprotokoll, 30. Sitzung, A-Drucksache 16/30, Berlin www.bundestag. de/ausschuesse/a16/anhoerungen/30_Sitzung_7_3_2007/prot_16-30.pdf; 28.08.07

Benson, S.M., Gasperikova, E., Hoversten, G.M. (2004). Overview of monitoring techniques and protocols for geologic storage projects. IEA Greenhouse Gas R&D Programme Report, o.O.

Benson, S.M., Gasperikova, E., Hoversten, G.M. (2005): Monitoring protocols and life-cycle costs for geologic storage of carbon dioxide. Paper presented at the 7th International Conference on Greenhouse Gas Control Technologies (GHGT-7), 05.–09.09.04, Vancouver

BINEinfo (BINE Informationsdienst) (2006): Kraftwerke mit Kohlenvergasung (Autoren: Ogriseck, K., Milles, U.). Projekt info 09/06, Fachinformationszentrum Karlsruhe (Hg.), Bonn www.bine.info/pdf/publikation/projekt0607internetx.pdf; 12.09.07

BMU (Bundesministerium für Umwelt, Naturschutz und Reaktorsicherheit) (2006): Ökologische Industriepolitik – Memorandum für einen »New Deal« von Wirtschaft, Umwelt und Beschäftigung. Berlin www.bmu.de/files/pdfs/allgemein/application/pdf/ memorandum_oekol_industriepolitik.pdf; 31.08.07

BMWA (Bundesministerium für Wirtschaft und Arbeit) (2003): Forschungs– und Entwicklungskonzept für emissionsarme fossil befeuerte Kraftwerke – Bericht der COORETEC-Arbeitsgruppen. Berlin www.bmwi.de/BMWi/Redaktion/PDF/Publika tionen/Dokumentationen/forschungs-und-entwicklungskonzept-fuer-emissionsarme-fossil-befeuerte-kraftwerke-bericht-der-COORETEC-arbeitsgruppen-dokumentation -527,property=pdf,bereich=bmwi,sprache=de,rwb=true.pdf; 06.09.07

BMWi (Bundesministerium für Wirtschaft und Technologie) (2007): Leuchtturm COORETEC – Der Weg zum zukunftsfähigen Kraftwerk mit fossilen Brennstoffen. Berlin www.bmwi.de/BMWi/Redaktion/PDF/Publikationen/leuchtturm-cooretec,pro perty=pdf,bereich=bmwi,sprache=de,rwb=true.pdf; 06.09.07

Bode, S., Jung, M. (2004): On the Integration of Carbon Capture and Storage into the International Climate Regime. HWWA Discussion Paper No. 303, Hamburg www.hwwa.de/Forschung/Publikationen/Discussion_Paper/2004/303.pdf; 23.08.07

Bode, S., Jung, M. (2005): Carbon dioxide capture and storage (CCS) – liability for non-permanence under the UNFCCC. HWWA Discussion Paper No. 325, Hamburg www.hwwa.de/Forschung/Publikationen/Discussion_Paper/2005/325.pdf; 23.08.07

Bohm, M.C., Herzog, H.J., Parsons, J.E., Sekar, R.C. (2007): Capture-ready coal plants – Options, technologies and economics. In: International Journal of Greenhouse Gas Control 1, S. 113–120, http://sequestration.mit.edu/pdf/capture-ready_coal_plants-options_technologies.pdf; 17.07.07

Bojanowski, A. (2007): Beben ist menschlich. In: Die Zeit Nr.4 vom 18.01.07, Hamburg http://images.zeit.de/text/2007/04/Erdbeben; 14.11.07

BP (BP p.l.c.) (2007): BP Statistical Review of World Energy 2007. London www.bp. com/statisticalreview; 11.09.07

Bundesregierung (2006): Ergebnisse des zweiten Energiegipfels – Vorschläge für die internationale Energiepolitik und ein Aktionsprogramm Energieeffizienz – 9. Oktober 2006. Berlin www.bundesregierung.de/Content/DE/Artikel/2006/10/Anlagen/2006– 10–10-energiegipfel-papier,pro perty=publicationFile.pdf; 12.11.07

Bundesregierung (2007): Antwort der Bundesregierung auf die Kleine Anfrage der Abgeordneten Dr. Reinhard Loske, Hans-Josef Fell, Sylvia Kotting-Uhl, weiterer Abgeordneter und der Fraktion Bündnis 90/Die Grünen – Drucksache 16/4968 – CO_2-Abscheidung und -Lagerung. Deutscher Bundestag, Drucksache 16/5059, Berlin http://dip.bundestag.de/btd/16/050/1605059.pdf; 13.09.07

Bündnis 90/Die Grünen (2007a): Energie 2.0 – Die grünen Maßnahmen bis 2020. Energiesparen, Erneuerbare und Effizienz (Autoren: Künast, R., Höhn, B., Fell, H.-J., Hermann, W., Hettlich, P., Loske, R., Trittin, J.). Berlin www.gruene-bundestag.de/cms/publikationen/dokbin/187/187655.pdf; 31.08.07

Bündnis 90/Die Grünen (2007b): Antrag der Fraktion Bündnis 90/Die Grünen: Für eine nachhaltige und umfassende Meerespolitik für die Europäische Union. Deutscher Bundestag, Drucksache 16/5428, Berlin http://dip.bundestag.de/btd/16/054/1605428.pdf; 31.08.07

Bündnis 90/Die Grünen (2007c): Kleine Anfrage der Fraktion Bündnis 90/Die Grünen: CO_2-Abscheidung und -Lagerung. Deutscher Bundestag, Drucksache 16/4968, Berlin http://dip.bundestag.de/btd/16/049/1604968.pdf; 13.09.07

Bündnis 90/Die Grünen (2007d): Große Anfrage der Fraktion Bündnis 90/Die Grünen: Klimaschutz durch den Einsatz von CO_2-Abscheidung und -Lagerung. Deutscher Bundestag, Drucksache 16/5164, Berlin http://dip.bundestag.de/btd/16/051/1605164.pdf; 13.09.07

CAN Europe (Climate Action Network Europe) (2006a): Position Paper CO_2 Capture and Storage. Brüssel www.climnet.org/EUenergy/CCS/positions/CANEurope%20CCS%20position%20paper.pdf; 29.08.07

CAN Europe (2006b): RE: EU position for the Nairobi Meeting of the Parties (MOP 2) to the Kyoto Protocol – potential inclusion of Carbon Dioxide Capture and Storage in the Clean Development Mechanism. Brüssel www.climnet.org/EUenergy/CCS/positions/NGO%20position%20on%20CCS%20in%20CDM.pdf; 29.08.07

CDU/CSU (2004): Große Anfrage der Fraktion der CDU/CSU: Auswirkungen des weltweiten Energie- und Ressourcenbedarfs auf die globale Klimaentwicklung. Deutscher Bundestag, Drucksache 15/3740, Berlin http://dip.bundestag.de/btd/15/037/1503740.pdf; 13.09.07

CDU/CSU (2007): Klimawandel entgegentreten konkrete Maßnahmen ergreifen. Positionspapier zum Klimawandel – Beschluss der CDU/CSU-Bundestagsfraktion vom 24. April 2007. Berlin www.cducsu.de/mediagalerie/getMedium.aspx?showportal=1&showmode=1&mid=575; 31.08.07

Chadwick, A., Arts, R., Bernstone, C., May, F., Thibeau , S., Zweige, P. (eds.) (2007): Best Practice for the Storage of CO_2 in saline Aquifers – Observations and guidelines from the SACS and CO2STORE projects. www.co2store.org/TEK/FOT/SVG03178.nsf/Attachments/CO2STORE_Best_Practice_Manual_2007_revision_1.pdf/$FILE/CO2STORE_Best_Practice_Manual_2007_revision_1.pdf; 25.07.07

Chow, J.C., Watson, J.G., Herzog, A., Benson, S.M., Hidy, G.M., Gunter, W.D., Penkala, S.J., White, C.M. (2003): Separation and capture of CO_2 from large stationary sources and sequestration in geological formations. Air and Waste Management Association (AWMA) Critical Review Papers 53(10), o.O.

Christensen, N.P., Larsen, M. (2004): Assessing the European potential for geological storage of CO_2 – the GESTCO project. Geological Survey of Denmark and Greenland Bulletin 4, Kopenhagen, S. 13–16 www.geus.dk/publications/bull/nr4/nr4_p13–16.pdf; 26.07.07

Christensen, N.P., Holloway, S. (eds.) (2004): The GESTCO project – Summary Report. Second Edition November 2004 www.geus.dk/program-areas/energy/denmark/co2/ GESTCO_summary_report_2ed.pdf; 26.07.07

Christensen, N.P., Larsen, M., Reidulv, B., Bonijoly, D., Dusar, M., Hatziyannis, G., Hendriks, C., Holloway, S., May, F., Wildenborg, A. (2004): Assessing European potential for geological storage of CO_2. Paper presented at the 7th International Conference on Greenhouse Gas Technologies (GHGT-7), 05.–09.09.04, Vancouver

CO2CRC (Cooperative Research Center for Greenhouse Gas Technologies) (2005): CO_2 Geosequestration FACT SHEET #5. www.co2crc.com.au/DOWNLOADS/FS/Fact sheet5. pdf; 16.07.07

DEBRIV (Deutscher Braunkohlen-Industrie-Verein) (2007): Die Entwicklung eines Rechtsrahmens für die CO_2-Einlagerung. Thesenpapier, Berlin

Deutscher Bundestag (2007a): Stenografischer Bericht – 82. Sitzung. Deutscher Bundestag, Plenarprotokoll 16/82, Berlin http://dip21.bundestag.de/dip21/btp/16/16082. pdf; 31.08.07

Deutscher Bundestag (2007b): Stenografischer Bericht – 94. Sitzung. Deutscher Bundestag, Plenarprotokoll 16/94, TOP 4a–4h, Berlin http://dip21.bundestag.de/dip21/ btp/16/16094.pdf; 31.08.07

Die Linke (2007a): »CO_2-Verpressung – Trojanisches Pferd der Kohlewirtschaft« (Autorin: Bulling-Schröter, E.). Pressemitteilung vom 25.01.07, Berlin www.linksfraktion. de/pressemitteilung.php?artikel=1227998671; 31.08.07

Die Linke (2007b): Antrag der Fraktion Die Linke: Nationales Sofortprogramm und verbindliche Ziele für den Klimaschutz festlegen. Deutscher Bundestag, Drucksache 16/5129, Berlin http://dip.bundestag.de/btd/16/051/1605129.pdf; 31.08.07

DIW (Deutsches Institut für Wirtschaftsforschung) (2003): Energiepolitik und Energiewirtschaft vor großen Herausforderungen (Autoren: Ziesing, H.-J., Matthes, F.C.). In: DIW Wochenbericht 48/03, Berlin www.diw-berlin.de/deutsch/produkte/publi kationen/wochenberichte/docs/03–48–1.html; 05.09.07

DoE (U.S. Department of Energy, Office of Fossil Energy) (2006): Carbon Sequestration Technology – Roadmap and Program Plan 2006. Washington D.C. http://fossil.en ergy.gov/sequestration/publications/programplans/2006/2006_sequestration_road map.pdf; 02.04.08

DoE (2007): Carbon Sequestration Technology – Roadmap and Program Plan 2007. www.netl.doe.gov/technologies/carbon_seqrefshelf/project%20portfolio/2007/2007 Roadmap.pdf; 24.04.08

DPG (Deutsche Physikalische Gesellschaft) (2005): Klimaschutz und Energieversorgung in Deutschland 1990–2020. Bad Honnef www.dpg-physik.de/static/info/klimastudie_ 2005.pdf; 29.08.07

DTI (Department of Trade and Industry) (2005): Outline Template for Draft Interim Monitoring and Reporting Guidelines for CO_2 Capture and Storage under the EU ETS. Report No. Coal R289. DTI/Pub URN 05/1564. Environmental Resources Management, Oxford

Duckat, R., Treber, M., Bals, C., Kier, G. (2004): CO_2-Abscheidung und -Lagerung als Beitrag zum Klimaschutz. Germanwatch Diskussionspapier, Bonn www.german watch.org/rio/ccs04.pdf; 02.04.08

EK (Enquete-Kommission) (1998): Abschlußbericht der Enquete-Kommission »Schutz des Menschen und der Umwelt – Ziele und Rahmenbedingungen einer nachhaltig zukunftsverträglichen Entwicklung – Konzept Nachhaltigkeit – Vom Leitbild zur Umsetzung«. Deutscher Bundestag, Drucksache 13/11200, Bonn http://dip.bundestag.de/btd/13/112/1311200.pdf; 29.08.07

EK (2002): Endbericht der Enquete-Kommission »Nachhaltige Energieversorgung unter den Bedingungen der Globalisierung und der Liberalisierung«. Deutscher Bundestag, Drucksache 14/9400, Berlin http://dip.bundestag.de/btd/14/094/1409400.pdf; 29.08.07

EPPSA (European Power Plant Suppliers Association) (2006): EPPSA's CO_2 Capture Ready Recommendations. Status: 07.12.2006, Brüssel www.eppsa.org/en/upload/File/Publications/Position%20Papers/EPPSA%20Capture%20Ready%20Definition.pdf; 23.08.07

ETP ZEP (The European Technology Platform for Zero Emission Fossil Fuel Power Plants) (2006a): Strategic Research Agenda. www.zero-emissionplatform.eu/web site/docs/ETP%20ZEP/ZEP%20SRA%20-%20draft%2012.pdf; 27.08.07

ETP ZEP (2006b): ZEFFPP – WG5 Public Acceptance and Communication: Contribution to the Strategic Deployment Document. www.zero-emissionplatform.eu/website/docs/WGs/ZEP%20WG5%20-%20final.zip; 03.09.07

ETP ZEP (2006c): Strategic Deployment Document. www.zero-emissionplatform.eu/ web site/docs/ETP%20ZEP/ZEP%20SDD%20-%20draft%2012.pdf; 06.09.07

EU-Kommission (2006): European Energy and Transport. Trends to 2030 – update 2005. Luxemburg http://ec.europa.eu/dgs/energy_transport/figures/trends_2030_update _2005 /energy_transport_trends_2030_update_2005_en.pdf; 12.11.07

EU-Kommission (2007a): Mitteilung der Kommission an den Europäischen Rat und das Europäische Parlament: Eine Energiepolitik für Europa. KOM(2007) 1 endgültig, Brüssel www.europarl.europa.eu/meetdocs/2004_2009/documents/com/com_com (2007) 0001_/com_com(2007)0001_de.pdf; 12.11.07

EU-Kommission (2007b): Mitteilung der Kommission an den Rat und das Europäische Parlament: Nachhaltige Stromerzeugung aus fossilen Brennstoffen – Ziel: Weitgehend emissionsfreie Kohlenutzung nach 2020. KOM(2006) 843 endgültig, Brüssel http://ec.europa.eu/energy/energy_policy/doc/16_communication_fossil_fuels_de.pdf; 21.08.07

EU-Kommission (2007c): Commission staff working document: Accompanying document to the Communication from the Commission to the Council and the European Parliament Sustainable power generation from fossil fuels: aiming for near-zero emissions from coal after 2020 – Impact Assessment. Brüssel http://ec.europa.eu/energy/energy_policy/doc/18_communication_fossil_fuels_full_ia_en.pdf; 28.08.2007

EU-Kommission (2007d): Internet public consultation »Capturing and storing CO_2 underground – should we be concerned?« – Preliminary Results. Brüssel http://ec.europa.eu/environment/climat/ccs/pdf/report_public_consultation.pdf; 01.09.07

FDP (2007a): Antrag der Fraktion der FDP: Potenziale der Abtrennung und Ablagerung von CO_2 für den Klimaschutz nutzen. Deutscher Bundestag, Drucksache 16/5131, Berlin http://dip.bundestag.de/btd/16/051/1605131.pdf; 31.08.07

FDP (2007b): Antrag der Fraktion der FDP: Internationale und europäische Klimaschutz-offensive 2007. Deutscher Bundestag, Drucksache 16/4610, Berlin http://dip.bun destag.de /btd/16/046/1604610.pdf; 31.08.07

FDP (2007c): Kleine Anfrage der Fraktion der FDP: Rechtliche Rahmenbedingungen für die Ablagerung von CO_2. Deutscher Bundestag, Drucksache 16/4895, Berlin http://dip.bundestag.de/btd/16/048/1604895.pdf; 13.09.07

FhG-ISI/BGR (Fraunhofer-Institut für System- und Innovationsforschung, Bundesanstalt für Geowissenschaften und Rohstoffe) (2006): Verfahren zur CO_2-Abscheidung und -Speicherung. Abschlussbericht im Auftrag des Umweltbundesamtes (Autoren: Radgen, P., Cremer, C., Warkentin, S., Gerling, P., May, F., Knopf, S.). Dessau www.umweltdaten.de/publikationen/fpdf-l/3077.pdf; 22.08.2007

G8 (2005): Aktionsplan von Gleneagles. Klimawandel, saubere Energie und nachhaltige Entwicklung (8. Juli 2005). Gleneagles www.fco.gov.uk/Files/kfile/Klima_Aktions plan.pdf; 05.09.07

G8 (2007): Growth and Responsibility in the World Economy – Summit Declaration (7. Juni 2007). Heiligendamm www.g-8.de/nn_220074/Content/EN/Artikel/__g8-sum mit/anlagen/2007-06-07-gipfeldokument-wirtschaft-eng.html; 05.09.07

Germanwatch (2003): Antwort von Umwelt- und Entwicklungsverbänden auf den Brief der SPD-MdB Ulrich Kelber und Ulrike Mehl zu »Klimaschutz in Deutschland bis 2020«. www.germanwatch.org/rio/spd2020.pdf; 29.08.07

Gibbins, J.R. (2006): Making New Power Plants »Capture Ready«. 9th International CO_2 Capture Network Meeting, 16 June 2006, Kopenhagen www.co2captureand storage.info/docs/capture/H-Gibbins.pdf; 10.09.07

Gibbins, J.R., Crane, R.I., Lambropoulos, D., Booth, C., Roberts, C.A., Lord, M. (2005): Maximising the effectiveness of post-combustion CO_2 capture systems. In: Rubin, E.S., Keith, D.W., Gilboy, C.F. (eds.): Proceedings of the 7th International Conference on Greenhouse Gas Control Technologies. Volume I: Peer Reviewed Papers and Overviews, Oxford

Göttlicher, G. (2003): CO_2-Emissionsminderung durch Carbon Management. In: ew – das magazin für die energiewirtschaft 21, Fachmagazin des VDEW, S. 42–45

Held, H., Edenhofer, O., Bauer, N. (2006): How to deal with risks of carbon sequestra-tion within an international Emission Trading Scheme. Proceedings of the 8th inter-national conference on greenhouse gas control technologies, Amsterdam

Hendriks, C., Graus, W., van Bergen, F. (2004): Global Carbon Dioxide Storage Poten-tial and Costs. Utrecht www.ecofys.com/com/publications/documents/GlobalCarbon DioxideStorage.pdf; 02.08.07

Hendriks, C., van der Waart, A.S., Byrman, C., Brandsma, R. (2003a): GESTCO: Sources and Capture of Carbon Dioxide. Ecofys, o.O.

Hendriks, C., Wildenborg, T., Feron, P., Graus, W., Brandsma, R. (2003b): EC-Case Carbon Dioxide Sequestration by order of DG Environment. Ecofys, o.O.

Herzog, H.J. (2002): Carbon Sequestration via Mineral Carbonation: Overview and Assessment. http://sequestration.mit.edu/pdf/carbonates.pdf; 17.07.07

Holloway, S., Lindeberg, E. (2004): How safely can we store CO_2? OSPAR Workshop on geological storage of CO_2. 26–27 Oktober 2004, Trondheim www.regjeringen. no/upload/kilde/md/nyh/2004/0029/ddd/ppt/225627-holloway-presentation.ppt; 30.07.07

House of Commons (House of Commons Science and Technology Committee) (2006): Meeting UK Energy and Climate Needs: The Role of Carbon Capture and Storage. First Report of Session 2005–06, Volume I Report, together with formal minutes. London www.publications.parliament.uk/pa/cm200506/cmselect/cmsctech/578/57 8i.pdf; 23.08.07

Huenges, E. (2007): Persönliche Mitteilung. Leiter der Abteilung Geothermie am Geoforschungszentrum Potsdam

Hüttermann, A., Metzger, J.O. (2004): Begrünt die Wüste durch CO_2-Sequestrierung. Gesellschaft Deutscher Chemiker – Nachrichten aus der Chemie 11, www.gdch.de/taetigkeiten/nch/inhalt/jg2004/wueste.pdf; 29.08.07

Ide, T., Friedmann, S.J., Herzog, H. (2006): »CO_2 Leakage through Existing Wells: Current Technology and Regulations«. Presented at the 8th International Conference on Greenhouse Gas Control Technologies, Trondheim http://sequestration.mit.edu/pdf/GHGT8_Ide.pdf; 17.07.07

IEA GHG (International Energy Agency Greenhouse Gas R&D Programme) (2002): Ocean Storage of CO_2. Cheltenham www.ieagreen.org.uk/oceanrep.pdf; 16.07.07.

IEA GHG (International Energy Agency Greenhouse Gas R&D Programme) (2007): CO_2 Capture Ready Power Plants 2007/4. Cheltenham

IMO (International Maritime Organization) (2007): »New international rules to allow storage of CO_2 under the seabed.« Pressemitteilung vom 27.06.2007, London www.imo.org/Newsroom/mainframe.asp?topic_id=1472&doc_id=7772; 15.08.07

IPCC (Intergovernmental Panel on Climate Change) (2005): IPCC Special Report on Carbon Dioxide Capture and Storage. Prepared by Working Group III of the Intergovernmental Panel on Climate Change (Metz, B., Davidson, O., de Coninck, H.C., Loos, M., Meyer, L.A. [eds.]). Cambridge u.a.O. http://arch.rivm.nl/env/int/ipcc/pages_media/SRCCS-final/SRCCS_WholeReport.pdf; 01.08.07

IPCC (2006): 2006 IPCC Guidelines for National Greenhouse Gas Inventories. Prepared by the National Greenhouse Gas Inventories Programme (Eggleston, H.S., Buendia, L., Miwa, K., Ngara, T., Tanabe, K. [eds]). Hayama www.ipcc-nggip.iges.or.jp/public/2006gl/index.htm; 01.08.07

Kühn, M., Clauser, C. (2006): Mineralische Bindung von CO_2 bei der Speicherung im Untergrund in geothermischen Reservoiren. In: Chemie Ingenieur Technik 78(4), S. 425–434

Lempp, C. (2006): Geologische Herausforderung oder Überforderung: Welche Risiken drohen durch CO_2-Einlagerung? Vortrag und Thesenpapier präsentiert auf dem Fachgespräch »Das CO_2-freie Kraftwerk: PR-Gag oder Zukunftsoption?« der Bundestagsfraktion Bündnis 90/Die Grünen, 05.12.06, Berlin

Linßen, J., Markewitz, P., Martinsen, D., Walbeck, M. (2006): Zukünftige Energieversorgung unter den Randbedingungen einer großtechnischen CO_2-Abscheidung und Speicherung. STE Arbeitsbericht 01/2006, Jülich www.fz-juelich.de/ief/ief-ste/datapool/pdf/FZJ_STE_CCS_Bericht.pdf; 27.08.07

Lyngfelt, A., Thunmann, H. (2005): Construction and 100 h of operational experience of a 10-kW chemical looping combustor. In: Thomas, D. (ed.): The CO_2 Capture and Storage Project (CCP) for Carbon Dioxide Storage in Deep Geologic Formations for Climate Change Mitigation. Volume 1 – Capture and Separation of Carbon Dioxide from Combustion Sources, London, S. 625–646

Marheineke, T. (2002): Lebenszyklusanalyse fossiler, nuklearer und regenerativer Strom-
erzeugungstechniken. Dissertation, Stuttgart http://elib.uni-stuttgart.de/opus/volltexte/
2002/1144/pdf/Dissertation_Marheineke_Torsten.pdf; 27.08.07

MIT (Massachusetts Institute of Technology) (2007a): The Future of Coal – Options for
a Carbon-constrained World. An interdisciplinary MIT Study. Cambridge; web.
mit.edu/coal/The_Future_of_Coal.pdf; 03.09.07

MIT (Massachusetts Institute of Technology) (2007b): A Survey of Public Attitudes
towards Climate Change and Climate Change Mitigation Technologies in the
United States: Analyses of 2006 Results (Autoren: Curry, T.E, Ansolabehere, S.,
Herzog, H.). Cambridge http://sequestration.mit.edu/pdf/LFEE_2007_01_WP.pdf;
03.09.07

NBBW (Nachhaltigkeitsbeirat der Landesregierung Baden-Württemberg) (2007): Wege
zu einer nachhaltigen Energieversorgung in Baden-Württemberg. Stuttgart www.
nachhaltigkeitsbeirat-bw.de/mainDaten/dokumente/energiegutachten.pdf; 30.08.07

NDRC (National Development and Reform Commission der Volksrepublik China)
(2007): China's National Climate Change Programme. Peking http://en.ndrc.gov.cn/
newsrelease/P020070604561191006823.pdf; 11.09.07

NETL (U.S. Department of Energy National Energy Technology Laboratory) (2007):
Carbon Sequestration Atlas of the United States and Canada. Pittsburgh u. a. O.
www.netl.doe.gov/publications/carbon_seq/atlas/Southwest%20Regional%20Partn
ership%20on%20Carbon%20Sequestration.pdf; 19.07.07

Nitsch, J. (2007): Leitstudie 2007 »Ausbaustrategie Erneuerbare Energien«. Aktualisierung und Neubewertung bis zu den Jahren 2020 und 2030 mit Ausblick bis 2050.
Untersuchung im Auftrag des BMU, Stuttgart www.erneuerbare-energien.de/files/
pdfs/allgemein/appli cation/pdf/leitstudie2007.pdf; 08.08.07

Odenberger, M., Svensson, R. (2003): Transportation systems for CO_2 – Application to
Carbon Sequestration. MSc Thesis, Chalmers University of Technology, Dept. of
Energy Conversion

OECD/IEA (Organisation for Economic Co-Operation and Development, International
Energy Agency) (2003): The Utilisation of CO_2 – Zero Emissions Technologies for
Fossil Fuels. Paris www.iea.org/dbtw-wpd/textbase/papers/2003/CO2_Util_Fossil_
Fuels.pdf; 25.07.07

OECD/IEA (2004a): Prospects for CO_2 capture and storage. Energy Technology Analysis.
Paris

OECD/IEA (2004b): Carbon Dioxide Capture and Storage Issues – Accounting and
Baselines under the United Nations Framework Convention on Climate Change
(UNFCCC). IEA Information Paper; Paris

OECD/IEA (2005): Legal Aspects of Storing CO_2. Paris www.iea.org/textbase/nppdf/
free/ 2005/co2_legal.pdf; 08.08.07

OECD/IEA (2007): Legal Aspects of Storing CO_2 – Update and Recommendations.
Paris

OSPAR (Ospar Commission for the Protection of the Marine Environment of the North-
East Atlantic) (2007): New Initiatives on CO_2 Capture and Storage and Marine Litter.
Pressemitteilung vom 28.07.07, London www.ospar.org/eng/html/press_statement_
2007.htm; 15.08.07

Pearce, J., Chadwick, A., Bentham, M., Holloway, S., Kirby, G. (2005): Technology Status Review-Monitoring Technologies for the Geological Storage of CO_2. Report No. COAL R285 DTI/Pub URN 05/1033, Keyworth

Pehnt, M., Henkel, J. (2007): Life Cycle Assessment of Carbon Dioxide Capture and Storage from Lignite Power Plants. Eingereicht bei Energy Conversion and Management, Amsterdam

POST (Parliamentary Office of Science and Technology) (2005): Carbon Capture and Storage (CCS). postnote Nr. 238, London www.parliament.uk/documents/upload/POSTpn238.pdf; 10.09.07

Prognos/EWI (Prognos AG, Energiewirtschaftliches Institut an der Universität zu Köln) (2007): Energieszenarien für den Energiegipfel 2007. Im Auftrag des Bundesministeriums für Wirtschaft und Technologie, Basel/Köln

Ragwitz, M., Held, M., Resch, G., Faber, T., Haas, R., Huber, C., Coenraads, R., Voogt, M., Reece, G., Morthorst, P.E., Jensen, S.G., Konstantinaviciute, I., Heyder, B. (2007): OPTRES – Assessment and optimisation of renewable energy support schemes in the European electricity market. Karlsruhe

Ravn, H. (2001): Balmorel: A Model for Analyses of the Electricity and CHP Markets in the Baltic Sea Region. www.balmorel.com

Reiner, D.M., Curry, T., de Figueiredo, M., Herzog, H., Ansolabehere, S., Itaoka, K., Akai, M., Johnsson, F., Odenberger, M. (2006): An International Comparison of Public Attitudes towards Carbon Capture and Storage Technologies. Presented at the 8th International Conference on Greenhouse Gas Control Technologies, Trondheim http://sequestration.mit.edu/pdf/GHGT8_Reiner.pdf; 03.09.07

Rigg, A. (2006): The Potential for CO_2 storage in the APEC Region (focus on China). Präsentation auf dem Workshop »Building Capacity for CO_2 Capture and Storage in the APEC Region«, 24./25. Oktober, Peking www.delphi.ca/apec/CHINA06_PDF/4 %20(APEC)%20Potential%20for%20CO2 %20Storage%20in%20the%20 APEC%20Region_AR%20Day%201 %20(China).pdf; 11.09.07

RNE (Rat für Nachhaltige Entwicklung) (2003): Perspektiven der Kohle in einer nachhaltigen Energiewirtschaft – Leitlinien einer modernen Kohlepolitik und Innovationsförderung. Texte Nr. 4/2003, Berlin www.nachhaltigkeitsrat.de/service/download/publikationen/broschueren/Broschuere_Kohleempfehlung.pdf; 29.08.07

Rubin, E.S., Yeh, S., Hounshell, D.A., Taylor, M.R. (2004): Experience Curves for Power Plant Emission Control Technologies. In: International Journal of Energy Technology and Policy 2(1/2), S. 52–68

RWE (2007): IGCC-Kraftwerk – Kohlekraftwerk mit CO_2-Abtrennung als Kernstück ökologischer Modernisierung. www.rwe.com/generator.aspx/konzern/fue/strom/co2-freies-kraftwerk/igcc-kraftwerk/language=de/id=331298/page-igcc-kraftwerk.html; 09.07.07

SED (Schweizerischer Erdbebendienst) (2006): Das Deep-Heat-Mining-Projekt in Basel – Technischer und erdwissenschaftlicher Hintergrund. Zürich www.seismo.ethz.ch/basel/index.php?m1=project&m2=background&lang=de#hintergrund, 02.08.07

SPD (2007): Klimaschutz und nachhaltige Energiepolitik. Eckpunkte für die Umsetzung der europäischen Ziele in der Klimaschutz- und Energiepolitik in Deutschland – Beschluss der SPD-Bundestagsfraktion vom 22. Mai 2007. Berlin www.spdfraktion.de/cnt/rs/rs_datei/0,,8446,00.pdf; 31.08.07

SRU (Sachverständigenrat für Umweltfragen) (2004): Umweltgutachten 2004 des Rates von Sachverständigen für Umweltfragen – Umweltpolitische Handlungsfähigkeit sichern. Berlin www.umweltrat.de/02gutach/downlo02/umweltg/UG_2004.pdf; 30.08.07

Strömberg, L. (2005): Market based introduction of CO_2 Capture and storage in the Power Industry. European CO_2 Capture and Storage Conference, 13–15.4., Brussels http://ec.europa.eu/research/energy/pdf/14_1550_stromberg_en.pdf; 08.08.07

Strömberg, L. (2006): Discussion Paper from Task Force for Identifying Gaps in CO_2 Capture and Transport. CSLF meeting November 2006, London www.cslforum.org/documents/tg_Gaps_Capture_Transport_11142006.pdf; 08.08.07

TAB (Büro für Technikfolgen-Abschätzung beim Deutschen Bundestag) (2003): Möglichkeiten geothermischer Stromerzeugung in Deutschland (Autoren: Paschen, H., Oertel, D., Grünwald, R.). Sachstandsbericht, TAB-Arbeitsbericht Nr. 84, Berlin

TNO (Nederlandse Organisatie voor Toegepast Natuurwetenschappelijk Onderzoek) (2006): RECOPOL: The first European field demonstration of ECBM. Utrecht www.tno.nl/downloads%5C356e_bo_olie_recopol.pdf; 19.07.07

Töneböhn, R. (2007): Erdbeben durch Erdgasförderung? In: Technology Review. www.heise.de/tr/artikel/92652/0/0; 02.08.07

TREAS (U.S. Department of Treasury) (2007): The Second U.S. – China Strategic Economic Dialogue, May 22–23, Washington. Joint Fact Sheet. Pressemitteilung vom 23.5.07 www.treas.gov/press/releases/hp425.htm; 11.09.07

UBA (Umweltbundesamt) (2006a): Technische Abscheidung und Speicherung von CO_2 – nur eine Übergangslösung. Positionspapier des Umweltbundesamtes zu möglichen Auswirkungen, Potenzialen und Anforderungen (Autoren: Blohm, M., Ginzky, H., Erdmenger, C., Beckers, R., Briem, S., Clausen, U., Lohse, C., Marty, M., Rechenberg, J., Schäfer, L., Sternkopf, R.). Dessau www.umweltdaten.de/publikationen/fpdf-l/3074.pdf; 11.09.07

UBA (2006b): Klimaschutz und Investitionsvorhaben im Kraftwerksbereich (Autoren: Erdmenger, C., Kuhs, G., Schneider, J.). Dessau

UBA (2007): Technische Abscheidung und Speicherung von CO_2 – nur eine Übergangslösung. Mögliche Auswirkungen, Potenziale und Anforderungen – Kurzfassung. Stellungnahme zur Anhörung des Ausschusses für Umwelt, Naturschutz und Reaktorsicherheit am 7.3.07 www.bundestag.de/ausschuesse/a16/anhoerungen/30_sit zung_7_3_2007/a-drs_16-16-210_publikation_bmu.pdf

UCS (Union of Concerned Scientists) (o. J.): Policy Context of Geologic Carbon Sequestration. www.ucsusa.org/assets/documents/global_warming/GEO_CARBON_SEQ_for_web.pdf; 27.08.07

VDI (Verein Deutscher Ingenieure) (o. J.): Pilotanlagen für CO_2-freie Kohlekraftwerke sind ein richtiger Weg. www.vdi.de/vdi/organisation/schnellauswahl/fgkf/get/aktiv/12535/; 31.08.07

Vendrig, M., Spouge, J., Bird, A., Daycock, J., Johnsen, O. (2003): Risk Analysis of the Geological Sequestration of Carbon Dioxide. Department of Trade and Industry Report No. R246 www.berr.gov.uk/files/file18859.pdf; 31.07.07

VGB (VGB PowerTech e.V.) (2004): CO_2 Capture and Storage. A VGB Report on the State of the Art. Essen www.vgb.org/data/vgborg_/Fachgremien/Umweltschutz/VGB%20Capture%20and%20Storage.pdf; 12.09.07

WBGU (Wissenschaftlicher Beirat der Bundesregierung Globale Umweltveränderungen) (2006): Die Zukunft der Meere – zu warm, zu hoch, zu sauer. Berlin /www.wbgu. de/wbgu_sn2006.pdf; 02.04.08

WBGU (2007): Neue Impulse für die Klimapolitik: Chancen der deutschen Doppelpräsidentschaft nutzen. Politikpapier 5/2007, Berlin www.wbgu.de/wbgu_pp2007.pdf; 29.08.07

WD (Wissenschaftliche Dienste des Deutschen Bundestages) (2006): Kohlendioxid-arme Kraftwerke – CO_2-Sequestrierung: Stand der Technik, ökonomische und ökologische Diskussion (Autoren: Donner, S., Lübbert, D.). Berlin http://bundestag.de/bic/analy sen/2006/Kohlendioxid-arme_Kraftwerke.pdf; 21.08.07

WD (2007): CO_2-Bilanzen verschiedener Energieträger im Vergleich. Zur Klimafreundlichkeit von fossilen Energien, Kernenergie und erneuerbaren Energien (Autor: Lübbert, D.). Berlin http://bundestag.de/bic/analysen/2007/CO2-Bilanzen_verschiedener_Energie traeger_im_Vergleich.pdf; 27.08.07

WI/DLR/ZSW/PIK (Wuppertal Institut, Deutsches Zentrum für Luft- und Raumfahrt, Zentrum für Sonnenenergie und Wasserstoff-Forschung, Potsdam-Institut für Klimafolgenforschung) (2007): RECCS – Strukturell-ökonomisch-ökologischer Vergleich regenerativer Energietechnologien (RE) mit Carbon Capture and Storage (CCS). Forschungsvorhaben im Auftrag des BMU, Wuppertal u.a.O. www.bmu.de/erneu erbare_energien/downloads/doc/38826.php; 22.08.07

Williams, R.H. (2002): Decarbonized fossil energy carriers and their energy technology competitors. In: Proceedings of the IPCC Workshop for Carbon Capture and Storage. Genf www.mnp.nl/ipcc/pages_media/ccs2002.html; 13.09.07

Yan, J., Anheden, M., Lindgren, G., Strömberg, L. (o. J.): Conceptual Development of Flue Gas Cleaning for CO_2 Capture from Coal-fired Oxyfuel Combustion Power Plant. Stockholm www.vattenfall.com/www/co2_en/co2_en/Gemeinsame_Inhalte/ DOCUMENT/388963co2x/578173repo/603971vatt/P0270588.pdf; 15.11.07

Ziock, H.-J., Lackner, K.S., Harrison, D.P. (o. J.): Zero Emission Coal Power, a new Concept. Los Alamos www.netl.doe.gov/publications/proceedings/01/carbon_seq/ 2b2.pdf; 27.08.07

ANHANG

TABELLENVERZEICHNIS 1.

ABBILDUNGSVERZEICHNIS 2.

ABKÜRZUNGSVERZEICHNIS 3.

AAU	Assigned Amount Unit
BBergG	Bundesberggesetz
BBodSchG	Gesetz zum Schutz vor schädlichen Bodenveränderungen und zur Sanierung von Altlasten (Bundesbodenschutzgesetz)
BGB	Bürgerliches Gesetzbuch
BGBl.	Bundesgesetzblatt
BGR	Bundesanstalt für Geowissenschaften und Rohstoffe
BImSchG	Bundes-Immissionsschutzgesetz
BImSchV	Verordnung zur Durchführung des Bundes-Immissionsschutzgesetzes
BMU	Bundesministerium für Umwelt, Naturschutz und Reaktorsicherheit
CCS	Carbon Capture and Storage
CDM	Clean Development Mechanism
CO_2	Kohlendioxid
CH_4	Methan
ECBM	Enhanced Coal Bed Methane Recovery
EEG	Erneuerbare-Energien-Gesetz
EGR	Enhanced Gas Recovery

EOR	Enhanced Oil Recovery
EPPSA	European Power Plant Suppliers Association
EU	Europäische Union
EUA	EU-Allowance
FuE	Forschung und Entwicklung
GGVSee	Verordnung über die Beförderung gefährlicher Güter mit Seeschiffen
GrWV	Grundwasserverordnung
GuD	Gas- und Dampfkombiprozess, Gas- und Dampfkraftwerk
G8	Gruppe der Acht (Italien, Kanada, Japan, Deutschland, USA, Russland, Großbritannien, Frankreich)
HELCOM	Helsinki Konvention (Übereinkommen über den Schutz der Meeresumwelt des Ostseegebiets)
H_2	Wasserstoff
IGCC	Integrated Gasification Combined Cycle
IPCC	Intergovernmental Panel on Climate Change
JI	Joint Implementation
KrW-/AbfG	Kreislaufwirtschafts- und Abfallgesetz
KWK	Kraft-Wärme-Kopplung
KWKG	Kraft-Wärme-Kopplungsgesetz
LPG	Liquefied Petroleum Gas
MEA	Monoethanolamin
MeO	Metalloxid
NBBW	Nachhaltigkeitsbeirat der Landesregierung Baden-Württemberg
NGO	Non-Governmental Organization
OSPAR	Oslo-Paris-Konvention (Übereinkommen über den Schutz der Meeresumwelt des Nordostatlantiks)
RohrFLtgV	Rohrfernleitungsanlagenverordnung
SO_x	Schwefeloxide
TAB	Büro für Technikfolgen-Abschätzung beim Deutschen Bundestag
UBA	Umweltbundesamt
UGB	Umweltgesetzbuch
UmweltHG	Umwelthaftungsgesetz
USchadG	Umweltschadensgesetz
UVP	Umweltverträglichkeitsprüfung
UVPG	Gesetz über die Umweltverträglichkeitsprüfung
UVP-V	Verordnung über die Umweltverträglichkeitsprüfung
WBGU	Wissenschaftlicher Beirat Globale Umweltveränderung
WHG	Wasserhaushaltsgesetz
ZECA	Zero Emission Coal Alliance

GLOSSAR   4.

Aquifer – Auch Grundwasserspeicher: wasserführender Gesteinskörper mit Hohlräumen, der zur Leitung von Flüssigkeit geeignet ist.

Basisperiode – Vergleichszeitraum zur Messung von Veränderungen.

Biomasse – Organisches Material in der Biosphäre.

CDM – *Clean Development Mechanism* – Einer der vom Kyoto-Protokoll vorgesehenen flexiblen Mechanismen. Ein Land, das im Anhang 1 des Kyoto-Protokolls aufgeführt wird, kann von einem Land, das nicht in diesem Anhang aufgeführt ist,»carbon credits« (CERs) einkaufen.

CO_2-*Äquivalent* – Kennzahl für das Treibhausgaspotenzial von Stoffen in der Erdatmosphäre. Als Referenzwert dient die Treibhauswirkung von Kohlendioxid.

COORETEC – CO_2-Reduktions-Technologien an fossil befeuerten Kraftwerken. Forschungs- und Entwicklungsinitiative des Bundesministeriums für Wirtschaft und Technologie

Demonstrationsphase – Eine Technologie, die sich in der Demonstrationsphase befindet und bereits in Pilotprojekten oder in kleinem Maßstab eingesetzt wird, aber noch nicht in vollem Umfang ökonomisch sinnvoll realisierbar ist.

Emissionsfaktor – Das Verhältnis aus der Masse eines freigesetzten (emittierten) Stoffes zu der eingesetzten Masse eines Ausgangsstoffes. Der Emissionsfaktor ist stoff- und prozessspezifisch.

Emissionshandel – Handelssystem, in dem eine festgelegte Menge von Emissionsrechten ge- und verkauft werden kann.

Flüchtige Emissionen – Jede vom Menschen verursachte Freisetzung von Gasen oder Dämpfen, z.B. bei Verarbeitung und Transport von Gas oder Benzin.

IGCC – *Integrated Gasification Combined Cycle* – Verfahren zur Energieerzeugung, bei dem Kohlenwasserstoffe oder Kohle in Gas umgewandelt werden. Dieses kann als Treibstoff in Gas- oder Dampfturbinen eingesetzt werden.

Injektion – Einpressen von Flüssigkeiten in Gesteinsfugen unter Druck.

JI – *Joint Implementation* – Einer der vom Kyoto-Protokoll vorgesehenen flexiblen Mechanismen zur Reduktion von Emissionen. Ist ein Staat im Annex I des Kyoto-Protokolls aufgeführt, so kann er durch Umsetzung emissionsmindernder Maßnahmen in einem anderen dort aufgeführten Staat zusätzliche Emissionsrechte erwerben.

Kyoto-Protokoll – Das Kyoto-Protokoll ist ein 1997 beschlossenes Zusatzprotokoll zur Ausgestaltung der Klimarahmenkonvention der Vereinten Nationen mit dem Ziel des Klimaschutzes.

Leckage – Bezogen auf Projekte zur Treibhausgasreduktion, wird das Entweichen von Treibhausgasen, das über die für das Projekt veranschlagte Menge hinausgeht, als Leckage bezeichnet. Bezogen auf die CO_2-Speicherung ist das Entweichen von CO_2 aus seinem Speicher ins Wasser und/oder die Atmosphäre gemeint.

London Convention – Konvention über Vermeidung der Meeresverschmutzungen wegen des Abschüttens und Wegwerfens von Abfällen und anderer Stoffe, die am 29. Dezember 1972 verabschiedet wurde.

Mineralisierung – Vorgang, bei dem CO_2, das in einen Gesteinskörper eingebracht wurde, mit Silikatmineralien Reaktionen eingeht und stabile Kohlenstoffverbindungen formt.

Monitoring – Prozess, bei dem die Menge an gespeichertem CO_2 gemessen und seine Position und das Verhalten im Untergrund überwacht werden.

Speicher/Reservoir – Unterirdischer Gesteinskörper von ausreichender Durchlässigkeit, um Flüssigkeiten zu speichern und durchzuleiten.

Tiefer saliner Aquifer – Tiefliegender, salzwasserführender Gesteinskörper mit hoher Durchlässigkeit.

Treibhausgase – Kohlendioxid (CO_2), Methan (CH_4), Stickoxid (N_2O), Fluorkohlenwasserstoffe (HFCs), Perfluorcarbon (PFC), Schwefelhexafluorid (SF_6)

Treibhausgasinventar – Umfassende Emissionsstatistik nach den Vorgaben der Klimarahmenkonvention.

Ebenfalls bei edition sigma – eine Auswahl

In der Reihe »Studien des TAB« sind u.a. bereits erschienen:

Leonhard Hennen, Reinhard Grünwald, Christoph Revermann, Arnold Sauter
Einsichten und Eingriffe in das Gehirn
Die Herausforderung der Gesellschaft durch die Neurowissenschaften
2008   208 S.   ISBN 978-3-8360-8124-5   € 18,90

Christoph Revermann, Arnold Sauter
Biobanken als Ressource der Humanmedizin
Bedeutung, Nutzen, Rahmenbedingungen
2007   228 S.   ISBN 978-3-8360-8123-8   € 18,90

Joachim Hemer, M. Schleinkofer, M. Göthner
Akademische Spin-offs
Erfolgsbedingungen für Ausgründungen aus Forschungseinrichtungen
2007   174 S.   ISBN 978-3-8360-8122-1   € 18,90

Jakob Edler (Hg.)
Bedürfnisse als Innovationsmotor
Konzepte und Instrumente nachfrageorientierter Innovationspolitik
2007   359 S.   ISBN 978-3-89404-830-3   € 25,90

Juliane Jörissen, Reinhard Coenen
Sparsame und schonende Flächennutzung
Entwicklung und Steuerbarkeit des Flächenverbrauchs
2007   282 S.   ISBN 978-3-89404-829-7   € 22,90

Thomas Petermann, Christoph Revermann, Constanze Scherz
Zukunftstrends im Tourismus
2006   199 S.   ISBN 3-89404-828-X   € 18,90

Armin Grunwald, Gerhard Banse, Christopher Coenen, Leonhard Hennen
Netzöffentlichkeit und digitale Demokratie
Tendenzen der politischen Kommunikation im Internet
2006   265 S.   ISBN 3-89404-827-1   € 22,90

– bitte beachten Sie auch die folgende Seite –

Ebenfalls bei edition sigma – eine Auswahl

Leonhard Hennen, Arnold Sauter
Begrenzte Auswahl?
Praxis und Regulierung der Präimplantationsdiagnostik im Ländervergleich
2004   176 S.   ISBN 3-89404-826-3   € 18,90

Thomas Petermann, Christopher Coenen, Reinhard Grünwald
Aufrüstung im All
Technologische Optionen und politische Kontrolle
2003   183 S.   ISBN 3-89404-825-5   € 18,90

Christoph Revermann
Risiko Mobilfunk
Wissenschaftlicher Diskurs, öffentliche Debatte und politische
Rahmenbedingungen
2003   199 S.   ISBN 3-89404-824-7   € 18,90

Ulrich Riehm, Th. Petermann, C. Orwat, Chr. Coenen, Chr. Revermann,
C. Scherz, B. Wingert
E-Commerce in Deutschland
Eine kritische Bestandsaufnahme zum elektronischen Handel
2003   471 S.   ISBN 3-89404-823-9   € 29,90

Christoph Revermann, Thomas Petermann
Tourismus in Großschutzgebieten
Impulse für eine nachhaltige Regionalentwicklung
2003   192 S.   ISBN 3-89404-822-0   € 18,90

Thomas Petermann unter Mitarbeit von Chr. Hutter und Chr. Wennrich
Folgen des Tourismus
Bd. 1: Gesellschaftliche, ökologische und technische Dimensionen
1998   190 S.   ISBN 3-89404-814-X   € 18,90

Thomas Petermann unter Mitarbeit von Chr. Wennrich
Folgen des Tourismus
Bd. 2: Tourismuspolitik im Zeitalter der Globalisierung
1999   274 S.   ISBN 3-89404-816-6   € 22,90

Der Verlag informiert Sie gern umfassend über sein Programm. Kostenlos und unverbindlich.

edition sigma	Tel. [030] 623 23 63	und jederzeit
Karl-Marx-Str. 17	Fax [030] 623 93 93	aktuell im Internet:
D-12043 Berlin	Mail verlag@edition-sigma.de	**www.edition-sigma.de**